在太空中敲钉子

我的国际空间站生活

[俄]谢尔盖·梁赞斯基——著

陈广秋——译

ZHEJIANG UNIVERSITY PRESS

浙江大学出版社

图书在版编目（CIP）数据

怎样在太空中敲钉子：我的国际空间站生活/
（俄罗斯）谢尔盖·梁赞斯基著；陈广秋译. —
杭州：浙江大学出版社，2021.12

ISBN 978-7-308-21742-2

Ⅰ. ①怎… Ⅱ. ①谢… ②陈… Ⅲ. ①星际站—
普及读物 Ⅳ. ①V476.1-49

中国版本图书馆CIP数据核字（2021）第182376号

Sergey Ryazansky, text, 2019
Alexey Evtushenko, illustrations, 2019
First published by Eksmo Publishing House in 2019 The simplified
Chinese translation rights arranged through Rightol Media （本书中文简
体版权经由锐拓传媒取得Email:copyright@rightol.com）

浙江省版权局著作权合同登记图字：11-2021-225

怎样在太空中敲钉子：我的国际空间站生活

（俄罗斯）谢尔盖·梁赞斯基　著
　　　　陈广秋　译

选题策划	张　婷
责任编辑	张　婷
责任校对	陈　欣
封面设计	violet
出版发行	浙江大学出版社
	（杭州市天目山路148号　　邮政编码　310007）
	（网址：http://www.zjupress.com）
排　　版	杭州林智广告有限公司
印　　刷	浙江新华数码印务有限公司
开　　本	880mm×1230mm　1/32
印　　张	8.125
字　　数	195千
版 印 次	2021年12月第1版　2021年12月第1次印刷
书　　号	ISBN 978-7-308-21742-2
定　　价	62.00元

致 谢

感谢我的妻子——感谢她给予我的支持与信任，在我无休止的旅行中守候！

感谢我的父母——是他们培养了我对周边世界的兴趣和探知这个世界的渴望，让我不断进取！

感谢我的妹妹——我深信：你是我永远的依托！

感谢尤里·加加林宇航员培训中心的所有优秀教官——是你们的渊博学识助我踏上了成功之旅！

感谢我的读者——你们的问题妙趣横生且直击痛点！没有你们，这本书就不会问世；没有你们，社交网络上的文章就不会如此精彩纷呈！

如果没有我的朋友弗拉基米尔·奥布鲁切夫[1]，也就没有这本书的存在，由衷地感谢他以及 Bombora（潜浪）出版社！

1　弗拉基米尔·奥布鲁切夫：俄罗斯 Bombora 出版社的编辑，计算机与科普书籍部主管。

前　言

　　我叫谢尔盖·梁赞斯基，我是一名宇航员。

　　命运让我两次进入国际空间站，我有幸从卫星的高度目睹了我们的星球，并结识了一些让梦想成为现实的神奇人物。

　　应该说，小时候我并没有想成为一名宇航员。当然，对我人格的塑造起到一定作用的是我的祖父米哈伊尔·谢尔盖耶维奇·梁赞斯基[1]，他参与了苏联的第一批火箭、卫星及行星际站的创建。然而，生物学却对我更具吸引力，最终是它引领我进入了太空。

　　每次航天归来，总免不了要在公开场合演讲：不仅仅要向对任何细节都感兴趣的专家们讲解汇报，以完善飞船和空间站的设计，对将来的项目做出改进；我更多的是面对那些不谙宇宙探索真谛，仅记得尤里·加加林[2]壮举的人们——令人欣慰的是，他们有兴趣了解更多，想获取第一手信息。我相信，在这些见面会之后，他们将更加密切地关注航天的过去、现在和将来，也许会有人愿意加入这项意义重大的事业中来。

1　米哈伊尔·谢尔盖耶维奇·梁赞斯基（1909—1987）：苏联科学家，苏联航天事业奠基者之一，火箭与太空技术无线电系统的首席设计师，社会主义劳动英雄。
2　尤里·阿列克谢耶维奇·加加林（1934—1968）：苏联宇航员，苏联英雄，苏联红军上校飞行员，第一个进入太空的人。

各种见面会和讲座上所提的问题五花八门：有"为什么火箭在天上飞却掉不下来"类充满童稚的问题，也有类似"您把走私物品藏在哪儿"的俏皮发问；有"穿着航天服怎么挠鼻子"的奇思怪想，也有"在空间站上计算机网络如何运行"或"您使用什么器材拍摄"类充满智慧的思想；等等。当然，问题的水准完全取决于观众：孩子们提的问题充满童真妙趣，成人的问题诙谐而睿智，而商界代表们则更关心领先优势、原动力和团队创建以及解决这些问题的航天方法之类的话题。

这些提问经常重复，当然不是文字上的赘述，而是内容上的雷同。于是，有一天，我突发奇想：将这些问题收集整理到一起，并以书面的形式给予回答，况且由于互联网的存在，我有类似的被采访经验。该项工作是这样进行的：Bombora 出版社向自己的读者发出"向宇航员梁赞斯基提问题"的倡议，问题就以出现在网站上的顺序发给我，我来回答。我先是把主要内容用录音机录下来，然后把答案转换成经过文学加工的文档。当然，在最终的书稿中，问题及其答案的编排不是按照接收的顺序，而是根据内在的逻辑。首先是一些天真幼稚的问题，顺便说一句，这也是最难回答的问题；然后是一些实际问题，涉及宇航员在地球和轨道站上的日常生活。

我对有些问题的回答比较详细，而有些则较为简略。原因是，比如，关于对接组件的设计问题，您或许能意识到，回答只能浅尝辄止，因为再深入下去将是林林总总纯粹的技术数据，那是掰着手指也无法解释清楚的内容。也就是说，一本科普读物会马上变成一部枯燥乏味的参考资料。而我认为，我的首要任务是将自己的航天知识传授给包括青少年在内的最广泛的受众群体，在我看来，这是现代启蒙教育的主要功能。细节问题，总能在专业书籍或互联网上查找到答案（我本人也是在需要的时候利用这些资源），但只有通俗读物才能提供审视人类特定活动领域的广阔视野。

　　不管怎样，我尽力了。我希望这本书可以帮助您建立自己的认知体系，能了解到宇航员的工作情况以及为什么航天是人类的根本需要。如果您还有什么问题，请给我写信，邮箱地址：srez13@yandex.ru。

译者序

六月，应是中国人的航天进入盛夏的季节。

6月17日18时48分，即在此书翻译完成之际，我国的"神舟十二号"飞船成功升天入轨，三位中国宇航员第一次进驻了中国人自己的空间站，这标志着中国成为继俄、美两国之后第三个能在太空漫步的国家。如果国际空间站将在2024年按计划退役，中国的空间站将会是地球人唯一的空间站。

一个并非偶然的机会收到了本书的汉译约稿。有灵性的出版社和聪慧的编辑们似乎早早地预定了六月的航天盛宴的座位，邀我一同观摩我国载人航天工程重大突破的再一次高光时刻。同时，为了青少年读者饱航天探索之欲，也是为了让更多的人了解太空的奥秘，普及更多的太空知识，我们翻译了这本航天科普作品，就算是为我国航天事业大系统工程建设新添的一砖或一瓦。

"一百年前空间站可是我们俄罗斯人发明的""俄罗斯在太空不可战胜"，这是电影《流浪地球》中的台词，在这部中国的科幻巨作里体现了诸多俄罗斯元素，足见中国人对俄罗斯航天实力的高度认可。

苏联何以诞生人类第一个翱翔太空的宇航员加加林这样的大英雄？它是如何取得太空事业骄人成绩的？我们现在可以走近本书作者俄罗斯宇航员梁赞斯基。他在本书系统地介绍了全景航天知识，事无巨细，语言朴实无华，生动有趣，没有豪言壮语，你会从他的成长经历中体会到俄罗斯航天人不屈不挠的精神。他在儿时也曾是把学习当作负担的顽皮少年，曾经也心存着"等我长大高中毕业就好了，再也不用学习了"的幼稚想法。他最终却成了历史上第一个没有工程学位的随航工程师，作为一名生物学家两度飞上国际空间站，由于他在国际空间站长期航天飞行中表现出的勇敢和英雄气概，被授予俄罗斯英雄称号。当然，我们也会感觉得到他在本书对异军突起的中国航天事业的短视和酸溜溜的味道。

载人航天毕竟是迄今规模最庞大，系统最复杂，技术难度大，质量可靠性、安全性要求最高和极具风险性的重点工程。我国载人航天的发展，反映了新时期我国综合国力的提升，反映了我国自主创新能力的增强。从嫦娥奔月到万户飞天，中国航天已经从美丽的神话或电影的视觉盛宴转向勇敢的实践。中国航天人敢于攻坚勇于创新。"在征服宇宙的大军里，那默默奉献的就是我。"这是锲而不舍、不轻易放弃的航天人钟爱的一首歌。"功成不必在我"，但"功成必定有我"，这是航天人自我激励的座右铭。这些又何尝不是创新中国无数奋斗者的心声呢？！从"神舟一号"起，这一路走来，我们看到的是中国科技、经济、政治等综合国力一步步稳定的提高，看到的是一个伟大民族继往开来、与时俱进的巨大魄力与魅力。

既然 taikonaut（"中国宇航员"）这个新的拼缀词已经被牛津词典收录，那么，人类的航天事业必将进入中国人的时代，毕竟中国已经踏上了探索浩瀚宇宙星辰大海的新征程！

陈广秋

二〇二一年七月四日

目　录

第 1 部分　关于太空及其他

第 2 部分　怎样成为一名宇航员？

第 3 部分　飞行准备与飞往国际空间站

第 4 部分　国际空间站上的生活

第 5 部分　返回地球

第 6 部分　飞行后的生活

关于太空及其他

什么是太空?

人为什么需要太空?

火箭为什么能飞起来?

为什么地球不是平的?

太空对技术产生了什么影响,
又将如何影响其未来?

什么是太空?

"космос"(太空)一词来自古希腊语,表示为"вселенная"(宇宙)意义上的"世界"。于是,在古时候,"космос"(太空)被理解为位于"вселенная"(宇宙)中心的地球周围的空间。今天,我们将地球和其大气之外的一切称为太空(космос),当然,我们的星球也是太空的一部分。

为了区分宇宙的各个部分,通常采用更详细的描述。宇宙天体由几个巨大的星体组成:恒星、行星、卫星、彗星、小行星和陨星,它们之间的空白区域被称为宇宙空间。宇宙介质被理解为各种类型的辐射和散射物质:太阳的热和光、行星和卫星的反射光、宇宙辐射、宇宙尘埃和星际气体。

宇宙空间通常也被相应地划分为几个部分:近地空间、行星际空

旋涡星系 NGC6946，亦称烟花星系（NASA 摄）

由上万个古老的星系组成的星团（NASA 摄）

间和星际空间。星云、星系和星团被特别区分出来，因为它们实际上是一些巨大的天体，但通常由大量的各种物体组成，因此经常可以遇到像"银河系外星云""星际空间""银河系内介质"等类的术语。

太空延伸至我们可观测到的宇宙的边界，距我们大约460亿光年。然而，如果有一天天文学家们能够证明在超出目前可观测到的范围以外还有什么，或者说实际上还有其他宇宙存在，那么就可以大胆地称宇宙是无限的。

银河系中的巨型恒星星团
Westerlund-2
（NASA　摄）

人为什么需要太空？

活得有趣才是乐趣。人为什么需要太空？因为有进取向上的愿望。总有一些人，他们想要探索一些东西，想要去某个地方，想做一件全新的事情——他们不能踟蹰不前，我，可能就是其中之一。

首先，太空是人类探知未知世界的梦想。我们已经把我们的星球研究得很透彻：我们潜入了海洋，攀登上了山峰，也涉足了南极，现在需要一种新的东西。

其次，太空是一项巨大的技术输出。航天所需要的一切——新发动机、新材料、新的通信系统、航天器的生命保障系统、控制系统——这些技术在我们的日常生活中也俯拾即是、不胜枚举。

我是实施火星探险的积极支持者。我有一个为大学生做的专题讲座，我在其中列举的一些技术，既是人类飞往火星的必需，也是我们这个地球的必要。双向微生物保护，必要吗？必要！因为我们不想把

谢尔盖·梁赞斯基在国际空间站

微生物带到邻近的星球，也不想把火星上的绿色微生物带回到这里。很显然，微生物保护在地球上的许多地方都有用武之地。辐射防护，必要吗？必要！我们只有在发生切尔诺贝利核事故或福岛第一核电站事故这样的重大事故时才会想到这一点。为了火星飞行，将设计和制造一套可靠的辐射防护系统，而新技术将被应用于地球。废物处理，必要吗？必要！我们正在成功地污染我们的星球，甚至太空。现在我们如何处理轨道站上积攒的垃圾？货运飞船抵达太空，带去了许多好用的和好吃的，我们把好用和好吃的东西卸载下来自己留用，把废弃物塞进空出的货舱中，之后解开货舱，让它以一定的角度进入大气层进行焚烧。这种情形很久都不会发生在火星上——不应该破坏这个星球的天然贞洁。因为，如果那里确实有某种形式的生命存在，它们有可能会被我们用垃圾扼杀掉。因此，我们必须制定一套全新的回收系统：一种真空压力机和生物反应器，用来处理宇航员废弃的一切东西。我毫不怀疑，这种技术在地球上也会派上用场，也许现在还没有市场，因为价格太高昂。但是，飞往火星的必要性是解决问题的原动力。

所以，人为什么需要去太空？太空是人类的未来，它把未来的问题摆在现在。

航天追求的目标是什么？

正如我所说的，航天提升了我们的士气，让我们有机会思考未来的问题，并从今天开始解决它们。诚然，它的目标不应被降低为纯实用性的，也就是不应只创造实用的技术。

航天为我们提供了新的科学知识：天文学、宇宙学、行星学等。我们借助行星际飞行器研究周边的星际：近空、邻近的世界、小行星和彗星；借助轨道望远镜研究深空、恒星、其他恒星附近的行星、星系和星云。这一切能带给我们什么？这一切帮助我们更好地了解宇宙的构造是怎样的，是如何产生和形成的。但是，最重要的是，我们通过研究宇宙的过去，可以预测它的未来变化，发现它潜在的威胁。例如，目前正在积极探测一些小行星，对于太空来说，它当然是微小的，但对于地球来说，它可能是危险的：如果它在城市上空陨落，会造成火灾、伤亡。如果我们及时探测到小行星构成的威胁，那么我们就来得及向它发送一套装置，将它带离碰撞轨道。为此，顺便说一句，没有必要像电影中描写的那样使用原子弹——只须将火箭助推器固着在小行星上，就像安装在飞船上一样，给它向侧方施加推力即可。对于彗星也是如此，许多彗星总是突然出现，大彗星的彗核与地球碰撞所波及的范围要远远大于一座城市。为了知晓和防范它们潜在的风险，我们需要有一套完备的预警和预防系统，最好将其放置在近地轨道上。研究太阳及其活动也同样十分重要，因为地球上的所有生命、气候、收成以及许多设备、通信、卫星的性能，都离不开太阳，我们需要更好地了解我们的光源体，以便发挥我们的想象，期待它发挥更大的价值。

另一个重大的科学研究目标是研究置身于太空环境中的人类自身，这里就涉及了载人航天。毕竟，我们进入的是一个对我们来说全新的生存环境：失重、宇宙射线、特殊的大气层，这些如何影响到人，影响人的生理和心理？在身体没有负面变化的情况下，人在太空中能待多久？怎样阻止变化？尽管我们在轨道中飞行已经半个多世纪，但太空总能引发出惊喜，而且每个宇航员的情况各有差异。为了能有一个大致的了解，需要频繁地飞入太空，更久地待在那里，收集数据并加以统计。我们带去的动物、植物、微生物也是如此，我们需要知道它们在太空环境的影响下如何变化，因为，无论我们走到哪里，地球的"一小块"，更确切地说，它的生物圈，将永远与我们同在。

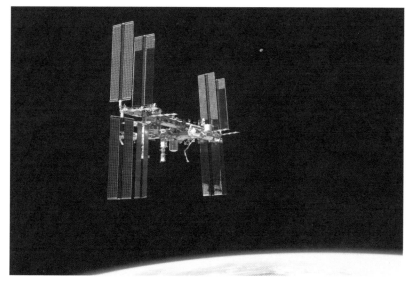

国际空间站（NASA　摄）

　　但是，航天还有两个令人振奋的全球性目标需要我们始终铭记：第一个目标是探索另一种生命、另一种智慧，准备结识新的朋友；第二个目标是为人类寻找新的住所——一个备用的星球。俗话说，你不能把所有的鸡蛋都放在一个篮子里，我们十分清楚：地球终有一天会变热，热得不再适合生存，会变成第二颗金星。那么，何不尝试改造一下火星，让它适合人类的正常生活呢？甚至目标更远——去开发木卫和土卫，还有恒星？如果人类要生存和保护好自己的文化，迟早要解决这个难题。所以,航天关乎人类的永生。还有比这更远大的目标吗？

为什么飞入太空的是真人，而不是无人驾驶飞机或机器人？

事实上，这两者兼而有之，但我似乎明白问题的所在，这也是困扰所有航天机构的问题。如果仔细观察，您会发现，每个航天机构都既有发展载人航天也有发展无人航天的计划，所有机构都试图二者兼顾，但遗憾的是根本没有足够的资金这么做。所以，必须要做选择，哪个更重要：是用于探测火星的星际装置，还是可飞入轨道的新型航天器。有人始终坚持造星际装置，而有人则主张制造航天飞行器，并且各自都有自己的道理。

我认为，载人航天和无人航天这两个领域应该共生共荣。首先，它们完美地互促互补；其次，它们解决的是截然不同的问题。

那么，什么是无人驾驶装置？从本质上说，它是进行太空探索的机器人。但是其中没有人工智能，因此它只能执行编入程序中有限的一组功能。例如，它可以探测另一个行星的大气层中是否存在氧气，那里的温度、压力、辐射如何，土壤和石头的化学成分是什么。载人航天从事的则是完全不同的工作——是由人代替机器人来行动，并且人能够富有创造力地完成自己的任务，他看到的更多，对情况的变化能做出更快的反应，如果发现更有趣的事物，他可以调整研究计划。当然，地球上的火星探测器操作人员也能够对研究程序进行调整，但除非要冒航天器损失的风险，否则并非总是可行的。要是上面的采样钻头坏了呢？或者轮子脱落呢？那一切就全完了——计划就此中断！然而人却一定能够想出办法来，可以更换、修复它，或者相反，为了获得更高的效率干脆移除它，曾经有过这种情况。即兴创作、创造性地开始——这就是载人航天赋予探索研究的意义所在。

谢尔盖·梁赞斯基出舱工作照（杰克·费舍尔[1]　摄）

　　例如，我们轨道站上有一套微生物采样装置，一个包装中有二十四个采样瓶，其中二十个是明确规定好的要在哪里取样，而另四个则由宇航员自行决定，因为宇航员们总能有一些不同寻常的发现："哦，那个地方我知道，我就感觉那是个停滞区嘛。"或者："快看，这儿有一些奇怪的附着物，我把它采集起来。这是什么物质，是氧化物还是微生物？"这是真正的创造！如果人参与其中，我们能做到和了解到的事物就会增加几十倍。

　　是的，这是有风险的，但它有助于开发在极端环境下保护人类的技术。不错，代价昂贵，但这也会从改善我们生活的技术中获得回报。

_____

1　杰克·大卫·费舍尔（1979—）：美国宇航员，2017 年作为"联盟号 MS-04"载人运输飞船的飞行工程师和国际空间站乘员与作者飞往国际空间站。

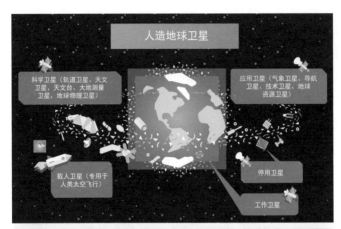

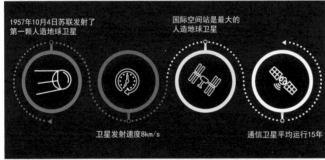

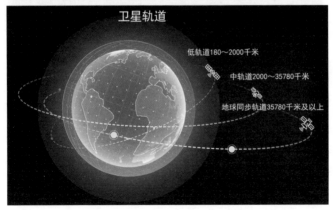

人造地球卫星的种类

所以，在人与机器人之间无法做出唯一选择，航天的两个方向应相辅相成、同生共存。

航天带来了哪些益处？

如果只谈纯粹实用的东西，我首先想到的是通信。我依稀记得那个年代，为了从街边电话亭给哥们儿打个电话告诉他不能按时赴约，为翻找一枚两戈比的硬币而急得抓狂。今天这种情形是很难想象的——人人都有"移动电话"。卫星通信系统最初为我们提供了电视广播，紧接着是直接通信，它刺激了地球上一系列相关系统的发展，现在我们使用互联网智能手机和平板电脑简直是稀疏平常。

很少有人知道，就连互联网的出现也是宇宙开发的成果。说实话，那里讲的是创建核导弹力量控制系统。总之，无不融入了航天元素。现如今，互联网无处不在，甚至存在于家电之中。

这一切都是益处所在，所以应用航天技术不断吸引着商人为其发展投入大量资金。除了通信和电视，还可以联想到运输导航、地表测绘、从轨道站寻找资源和观测天气，卫星使我们的生活变得一年比一年舒适和安全。

载人航天还提供了商业回报，尽管不是直接而是间接的。前面我已经说过，如果最终确实要组织火星探险，那么必须要解决保护和保障宇航员的诸多问题，需要有用于存储食物、水和用于进行废物处理的系统，需要有用于维修和医疗的器械，需要有某种新能源发电机，等等。所有这些还必须要轻便、精巧、安全且高效。当解决好这些问题，随之而来的将是一系列的发明、专利和组装生产线，一切都将产业化并带来利润。这在历史上已经有过先例：美国阿波罗登月计划使许多新产品进入到我们的日常生活，诸如服装上的"粘扣"、消防服、特氟龙不粘锅、微电脑、节能房屋等，其投入早已获得了回报。

或许我所列举的新产品即使没有航天业也会出现，但它让它们更早地进入了我们的日常生活。

为什么我们要从哈萨克斯坦的拜科努尔起飞？

这是由历史原因造成的。让我来提醒您一下，不久以前哈萨克斯坦曾经是苏联的一部分。当年，我们的设计师进行 R-7 洲际弹道导弹的开发，为了进行测试，他们需要一个能够最小限度地破坏人们生活的新实验场。国家委员会研究了三套方案：第一是马里自治共和国，战后该地区进行过大规模森林采伐并且拥有较好的运输通道；第二是里海的西海岸，可以用驳船顺着伏尔加河将发射装置运送到那里；第三就是哈萨克斯坦，秋拉—塔姆铁路会让站，莫斯科—塔什干铁路途经此处。这最后一套方案获得委员会的青睐，并于 1955 年被正式采纳。当然啦，当时没有人能预想到实验场将成为拜科努尔航天发射场，而哈萨克斯坦将会独立。

卡普斯京亚尔[2]和普列谢茨克[3]发射场也用于发射导弹，但今天拜科努尔的优势在于它拥有现成的、成熟的载人发射基础设施，一切都经过了调试，并且像时钟一样在运转。此外，航天发射场越往南，它覆盖的轨道就越多，从这个意义上说，拜科努尔的地理位置更优于我们的其他场地。

2　卡普斯京亚尔：俄罗斯坐落于伏尔加河沿岸的导弹发射场，它的一部分位于俄罗斯伏尔加格勒（伏尔加河下游城市，曾称斯大林格勒）和阿斯特拉罕地区，而另一部分则位于哈萨克斯坦西部。这座发射场又名伏尔加发射场、国家第四中央实验场和国家中央三军联合实验场。
3　普列谢茨克：坐落于北极圈附近的俄罗斯航天发射基地，位于俄罗斯阿尔汉格尔斯克州米尔纳镇阿干折以南 170 千米，莫斯科北方 800 千米处。

于 2013 年 9 月运送"联盟号 -FG"运载火箭前往拜科努尔航天发射场
（安德烈·谢勒平 / 宇航员培训中心　摄）

太空与大气层的分界线在哪里？

　　一个世纪前，科学家们认为大气层边界的高度为 12 千米。他们为此提出了依据，因为，如果把我们的大气当作适合呼吸的气体混合物，那么它的确终止于 10 千米范围内，在该水平下，一个人会死于低压和低氧。但后来，利用平流层气球和高空飞机的研究表明，大气层的边界要延伸到更远。

　　今天，太空的虚拟边界被划定在 100 千米的高空，这不仅与美丽的"圆圈"数字有关，还因为，再往高处，靠羽翼飞行所需的空气升力已不再起作用，飞机再无法向上飞升，所以航天领域就从那里开启。

不过，如果更客观地看问题，那么大气层也并非在 100 千米的高度就结束了。物理学家们说，大气层向行星际空间的过渡是逐渐发生在散逸层的——这是一个延伸至 19 万千米的区域，是地球与月球距离的一半！所以，卫星和国际空间站仍然处于大气层中——在其最稀薄的空气层中。确实如此，在稀薄气体的作用下，任何近地物体都会缓慢减速，迟早会进入较稠密的大气层并燃烧。为了保护好国际空间轨道站，必须要不断对它进行"调整"，即借助推进器提升其高度。

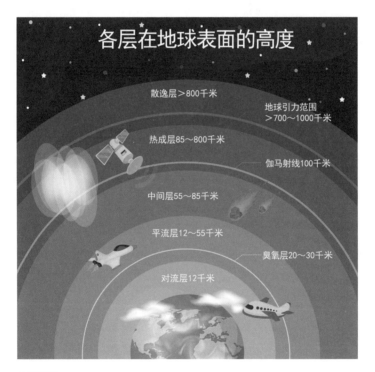

大气结构

火箭的构造是怎样的？

即使是最简易的火箭，也至少包含三个要素：带喷嘴的火箭推进器、燃料箱及有效载荷。但是，假如不能有效地控制它的飞行，这样的火箭是飞不了太远的，也就是说，还需要有控制装置，它可以通过来自地球的无线电指令或根据设置好的程序来工作。该装置需要略微影响火箭的轨迹，不让它偏离航向，即需要有所谓的执行机构：在有

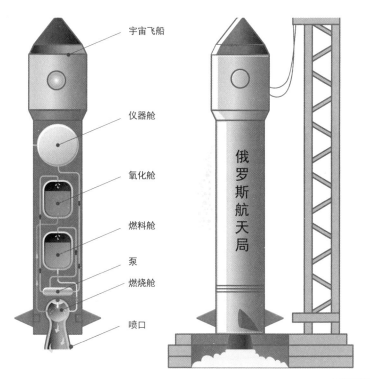

宇宙飞船

仪器舱

氧化舱

燃料舱

泵

燃烧舱

喷口

俄罗斯航天局

火箭结构图

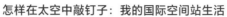

谢尔盖·梁赞斯基率领的第二乘组人员与将在三天后送宇航员入轨道的"联盟 –FG"运载火箭（安德烈·谢勒平/宇航员培训中心　摄）

翼导弹上安装弹翼和带有空气舵的尾翼，在弹道导弹喷嘴内安装气舵，在太空导弹上使用推进器旋转喷嘴。

火箭的燃料通常由可燃燃料和氧化剂组成，为了防止它们意外混合而燃烧，它们的贮箱是彼此分开的。另外，还必须要确保燃料和氧化剂不间断进入发动机，进入燃烧室。而且，燃烧室中的压力越大，推进器的效率就越高，火箭也将飞行得更远、更高。第一批液体燃料火箭出现在 20 世纪 30 年代，采用的是挤压式输送燃料——在压力作用下从一个专门的贮箱里释放出氮气并将燃料各成分挤出再送入燃烧室。但是，这种推进器的推力和效率都不高，也就是说，它们不能充分使用燃料中储备的能量。如今使用的是涡轮泵装置，涡轮驱动泵，泵再压送燃料成分。

普通火箭无法将巨大的载荷送入轨道，因为它本身就很沉重。于是，人们想出了制造多级火箭的方案，即组合二、三、四枚火箭，就是所谓的多级火箭。它的好处是什么呢？当第一级火箭的燃料舱用空后，将会自动脱落，同时第二级火箭的推进器开始工作，接下来依次是第三级和第四级。好处立竿见影：再无须带着空舱向太空飞行。

传统的多级火箭在设计上是逐级依次排列的。然而，很长一段时间里都没能开发出一套在第一级火箭分离后启动第二级火箭推进器的启动系统。于是，谢尔盖·科罗廖夫[4] 团队提出了一个原创构想：将多级火箭组装打"包"，即将它们并排连接起来并同时发射。这就是 R-7 火箭的由来，它成了第一枚洲际火箭，简称为"七号"。后来在它的基础上制造了用于发射卫星和运载宇航员的火箭，目前最现代化的运载火箭"联盟 -U"、"联盟 -FG"和"联盟 -2"也是如此结构。

---

4 谢尔盖·帕夫洛维奇·科罗廖夫（1906—1966）：苏联运载火箭之父，苏联宇航事业的伟大设计师与组织者，第一枚射程超过 8000 千米的洲际火箭（弹道导弹）的设计者，第一颗人造地球卫星运载火箭的设计者，第一艘载人航天飞船的总设计师。

R-7 火箭"包"由五个箭体组成：芯级箭体 A 和四个侧面箭体 B、C、D 和 E，所有箭体的推进器均在发射时启动，侧面箭体在燃料耗尽后分离，而芯级箭体则继续飞行。R-7 火箭于 1957 年 5 月 15 日首次发射，60 年来已经发射了该家族的近 1900 枚火箭，并且用它发射的卫星和行星际飞行器有 2000 多颗。可以说，R-7 标杆火箭是航天业的"老黄牛"。

但工程师们的思想并未就此止步，他们开发出了多级箭体的顺序排列方案：R-7 火箭补充了第三级——F 箭体，它把第一批研究装置送入了行星际航线，还将第一批载有宇航员的飞船送入了轨道。

火箭为什么能飞起来？

一般来说，反作用原理很直观。但有许多人，唉，至今仍然对细节迷惑不解，可能是因为他们经常看好莱坞的电影，影片中总是描写一些极具冲击力的画面。比如，我曾听到过这样一种说法，认为火箭是由空气推动的。那么，它又是如何在没有空气的太空中飞行的呢？

看名称就不难理解，反作用力是由反作用、后坐力驱动产生的。比如，您开枪射击，子弹射出时产生的后坐力会振动您的手臂——这就是反作用力。假如您是在失重状态下的空间站上射击，那么后坐力将会对您产生反作用力，您将飞向与子弹航向相反的方向。

反作用运动力学可以用牛顿的第三运动定律来描述，我们从中学时起就记得它的定义：两个相互作用的物体之间的力大小相等、方向相反，反作用力等于作用力。对于火箭，作用力是推力，是由从喷口喷出的炽热气体推动而产生。正是气体把火箭推向相反的方向。所以，火箭不需要附加任何其他力，它本身会产生作用力，它在反作用力、

于 2017 年 7 月 28 日 "联盟 –FG" 运载火箭从拜科努尔航天发射场发射
（安德烈 · 谢勒平 / 宇航员培训中心　摄）

反射力和后坐力的作用下加速度飞行，不仅在大气中，而且还可以在太空中飞行。

　　与此同时，推进也被称为喷射推进，在其推动下环境被用来产生作用力和反作用力。例如：大型客机的涡轮喷气发动机利用周围的空气来产生一种有效的气体混合物；鱿鱼在狩猎或逃跑时通过运动其身体将周围的水驱散开。但是，无论是客机还是鱿鱼，当然都不能在太空中飞行。

需要多快的速度才可以进入轨道？

非常快。但速度是逐渐加快的，就像火箭那样升到太空高度，从某一刻起速度足够快了便将火箭送入轨道。伟大的艾萨克·牛顿还提出了一个理想实验：设想一座最高的山，它的峰顶在大气层之外，一门大炮架在山顶并平射，发射时弹药的威力越大，炮弹飞离出的距离就越远，最终，当达到一定威力时，炮弹的速度将足够快，以致再也不会落地，会绕着我们的星球运转。事实上，牛顿描述了一颗人造卫星，他计算出的初始速度值为 7.91 千米／秒，现在被称为"第一宇宙速度"。

如果从物理角度看，卫星在引力的作用下实际上一直在下降，但却不会掉下来，这是因为，地球表面就像是借助自身的曲率在"躲避"它，如果地球是平的，那么卫星飞过一段距离后将不可避免地掉落在地面上。很显然，如果卫星的运动不是发生在真空里，而是在大气中，那么它也会掉落下来，因为与其无数次碰撞的空气分子会减慢它的速度。

随着越来越远离地球，第一宇宙速度值也进一步减小，因为引力在降低。例如，在 100 千米的高度，速度为 7.85 千米 / 秒，而在国际空间站飞行的高度，速度则为 7.67 千米 / 秒。只要稍微改变卫星的速度，就可以将其轨迹变为椭圆形，而通过相当巧妙的操作——使其进入到一定的高度，在这个高度上它相对于行星的角速度等于其旋转的速度——结果就会发现：卫星似乎悬挂在地球上空的一个点上，虽然实际上它一直在下落。

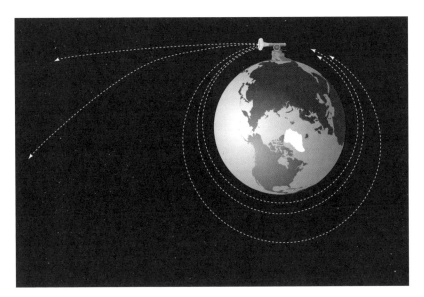

牛顿大炮

到达月球和火星需要的速度是多少？

为了使航天器进入行星际空间自己的绕日轨道，需要加速，即所谓的"第二宇宙速度"或"逃逸速度"。对于我们的星球来说，这个速度是 11.2 千米 / 秒，但它的数值也随高度的增加而改变，所以专家们通常采用对应于 200 千米高度的 11.02 千米 / 秒的速度值——这就是星际飞行器起航的"过渡"轨道。但是在总的引力系统中，月亮离我们很近，因此，为了沿直线轨迹到达地球的卫星，没有必要加到"逃逸速度"：从地球表面起飞加速至 11.09 千米 / 秒就足够了，而从"过渡"轨道起飞只须达到 10.92 千米 / 秒。确实，这将需要飞行 5 天时间。

飞往火星的情况要变得复杂一些。在行星际空间，地球引力的影响是如此之小，以至于被忽略不计，所以，只谈论相对于太阳的速度才有意义。远离太阳的最低"逃逸速度"可是 42.12 千米 / 秒，4 倍于逃逸地球的速度！但是，如果顺着我们的地球绕日运行的方向发射，那么我们将使用地球自身的速度，该速度接近 29.78 千米 / 秒。就是说，在地球引力已经被忽略的"无限远处"，速度必须达到 12.34 千米 / 秒，这相当于从相对于地球的低轨道起飞的速度，大约是 16.7 千米 / 秒，被称为"第三宇宙"速度，通过能量守恒定律就可以把它计算出来。

幸好飞向火星不需要这么快的速度。很久以前就已经计算出了消耗最少燃料的行星际飞行轨道，它们被称为霍曼转移轨道，是以德国工程师沃尔特·霍曼[5]的名字命名的，他是最早计算出该轨道的人之一。为了以最少的燃料成本进入飞往火星的轨道，需要将航天器加速到 11.42 千米 / 秒，比飞往月球的速度多一点点，为此火星还必须处于相对于地球的最佳位置，这个位置每两年多出现一次，确切地说是

---

5 沃尔特·霍曼（1880—1945）：德国杰出的土木工程师，人类行星际航行的先驱。

780 个昼夜。适合沿霍曼转移轨道飞往火星的时期被称为"发射窗口"。如果一切顺利，航行将持续 259 天。可以通过稍微提高初始速度来缩短飞行时间，例如：如果将速度提高到 11.8 千米 / 秒，航天器在 165 天内就会到达火星；如果是 12 千米 / 秒，需要 144 天；如果是 13 千米 / 秒，就是 105 天。

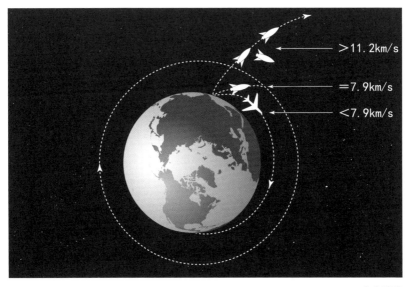

宇宙速度

当然，理论上讲，在太阳系内可以沿任何轨道飞行，但是我们暂时还没有足够强大的飞行器来违反弹道学定律，它们又何时出现，真很难说。

为什么地球不是平的？

如果您看过关于太空的纪录片，您可能会注意到，水滴在失重状态下会变成圆球状。这是为什么呢？物体的形状仅在某种力的作用下才能发生改变。什么样的力才能作用于水呢？这当然是表面张力，在其作用下，液体趋于呈具有最小表面积的形状，而与之适应的最佳形状就是球形。

然而，地球是一个固体，表面张力与它毫不相干。对于太空中的固体来说，它所受到的主要的力量是重力，当然，它很微弱，但是质量越大重力就越大，作用力也就越显著。包括地球在内的行星刚刚形成时，它们靠自身的引力吸收周围空间中的物质，重力的方向总是朝着物体厚实的部分，物质倾向于这个条件中心，而物体总是形成最小表面积的形状——就像失重状态下的水滴。如果地球被某种难以置信的方式赋予手提箱的形状，那么经过数千万年后它会再次聚集成一个球体。

其实，在宇宙的星体中有一些小行星，它们并未形成球形。为什么呢？这一切都取决于质量和时间，正如我们所说的，重力很弱，所以，为了迅速形成一个球体，需要一个非常大的质量，如果质量很小，那么需要的时间就很长，要几十亿年。最大的小行星，如谷神星、灶神星和智神星等，都是球状的，而其余的较小，有的甚至看起来特别奇异，就像"形状不规则"的石块。

从外太空看地球（NASA 摄）

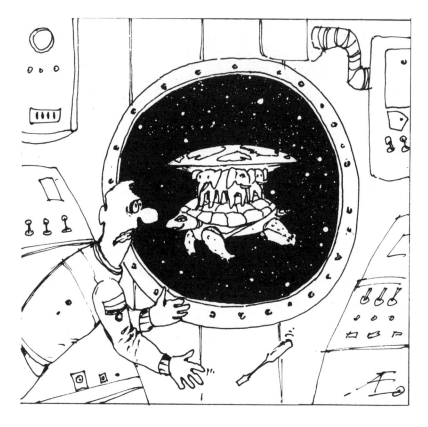

您是在享受飞行的乐趣，还是在超越自己？

我想说的是，超越自己正是为太空飞行做准备。

当我还是个孩子的时候，我曾经认为上学是最痛苦的事情：繁多的课程、没完没了的考试，等我长大高中毕业就好了，再也不用学习了。但当我真的长大了，高中也毕业了，我考入了莫斯科国立大学，大学一年级时差点因不及格被淘汰出局。因为事实证明，在那里需要学习

谢尔盖·梁赞斯基在国际空间站的工作照

的东西更多。我的弱项是数学，我不得不为它拼尽全力。但我一直在安慰自己：等我拿到学位，我的学业也将就此告终。接下来就是答辩、毕业、到科研院所工作、读研究生，突然间又一件事实摆在眼前：就算到了那里，也需要学习，需要参加考试。所以，很遗憾，安逸的生活又未能如期而至，但我认为，研究生的学习也不会持续太久，所以学习生涯即将结束。

　　后来我加入了宇航员队伍，来到了星城。到了那里我才意识到：以前的一切都算不上是学习，我从来没有真正学习过。当你连续两年从早到晚地学习，参加百余次的考试、考查、测试……坦率地说，宇航员的主要工作实际上不是飞行，而是学习。在飞行的间隙我们做什么？学习！当你被编入乘组，你会做什么？学习！超越自己首先要在地

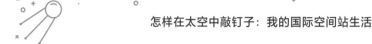

球上完成。

当然，太空飞行本身也是相当严肃和艰苦的工作，但你从中获得的是乐趣，因为它像一个总结，一次艰难旅程的巅峰，甚至是对飞行前一段艰苦生活的嘉奖。是的，当你身处轨道站，有时候你必须克服自己的某些问题，毕竟，在半年的时间里，你局限在狭窄的空间里，与习以为常的生活隔绝，远离亲人、嗜好、兴趣等。与此同时，还时常被一种思绪困扰：空间站的舱壁厚度是 1.5 毫米，而外面却是空虚的世界。一方面，你必须平心静气、集中精力，必须保持良好的工作状态；另一方面，你很清楚，如果出现什么问题，不会有人来帮你。内心的焦虑感是有的，但却是容易克服的：我们接受的就是这方面的培训和训练。因此，我可以自信地说，飞行的乐趣弥补了所有的不便，包括情绪的不安。

未来太空旅游业是否会得到普及，新技术能否缓解超重问题？

我绝对相信，在我们有生之年，太空旅游业即使不普及，也不会特别贵。首先，越来越多的私营公司进入航天领域，他们一旦拥有了将人发射到太空的系统，就会开始从中赚钱。其次，在富人中间，有足够多的人想要飞入轨道或至少飞到太空高度。他们对新兴产业的投入将极大地推动太空旅店、太空观光船和私人航天站的建设。在太空中将会有演出，会进行商业科学实验，最主要的是使航天旅游形成流水作业。因为，目前情况是：每一次私人航天器的飞行都是某种超越和大事件，是时候让它们成为平常事了。

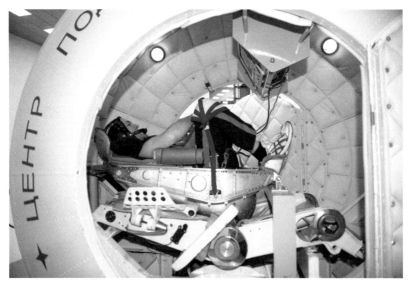

谢尔盖·梁赞斯基在宇航员培训中心的离心模拟器中
（安德烈·谢勒平／宇航员培训中心 摄）

相较于对未来宇航员的要求，对乘坐"联盟"号飞船飞行的太空游客的标准已经降低了许多，他们的健康状况不如候选人那么好，所以放宽了对他们的各种要求。一个职业宇航员必须要有足够的健康储备，才能在轨道站的条件下长时间生存下去。作为一名太空游客，身体状况良好就足够了。在轨道上有可能发生的最糟糕的事情就是心脏问题。众所周知，即使是在地球上，易患心肌梗死疾病的人也不允许跑马拉松或托举重物，在这一点上合理的限制是相同的，但在其他方面，情况要变得简单一些。

新技术能让未来太空游客的生活更轻松吗？当然能，这也已见成效，例如，随着隐形眼镜和塑料眼镜的出现，降低了对视力的要求，比如说我，我的视力并不理想——3度近视，即使这样我依然是一名职业宇航员，能够正常飞行和工作。在第一次飞行时，我尝试了一种隐形眼镜——ACUVUE 软性隐形眼镜。在第二次飞行中，我们 3 个都戴着眼镜起飞：两个人是远视，我是近视。说到宇航员所经历的超重，这个问题实际上并没有那么严重。那么 4 个 G 到 4.5 个 G 的超重值[6] 是怎么回事儿？有一次，我在离心模拟器上通过了一年一度的测试之后，马上去了高尔基公园，决定比较一下这种感觉，去乘坐一种过山车，我一直以为乘坐它会超重很严重。实验很成功：过山车准确无误地给

---

6 超重值：通常采用 G 值的方法来表示，1 个 G 是地面标准重力环境，在两个 G 的环境中人体承受的过载大约是自身重量的两倍。

出超重值即使不是 4 个 G，那也是 3.5 个 G。也就是说，在高尔基公园乘坐过山车的普通成年人几乎就是一名宇航员。我相信，新技术会让太空飞行更舒适，但从本质上讲，只要成为一个健康的人就足够了。

唯一的问题是，你不能过度失重。据估计，在无支撑状态下的平均适应时间为 7 天，一周后机体开始重组：出现肌肉萎缩、钙流失及其他变化。这就是在轨道上停留的时间不应超过 10 天的原因：飞抵之后，小住一下，拍拍照，做做某种实验，即刻返回。

太空对技术产生了什么样的影响？又将如何影响其未来？

您知道，目前对此始终存在着一些争议，比如，我们为什么需要太空？它带给我们什么？或许将资金用于其他活动领域会更好？等等。说这些话时，人们似乎忘记了一个事实：我们一直在享用空间技术的果实，这不仅仅涉及通信和导航。例如，NASA 有一个为技术转让计划（Spinoff）设立的专门网站（https://spinoff.nasa.gov），上面介绍了许多因实施太空项目而出现的技术。一切应有尽有！例如医学，我已经说过，长期失重会对人体产生负面影响，我们用特殊的健身器材、载重飞行服和食品补充剂来应对这个问题。然而，即使在地球上也不乏这样一些人，他们在受伤后长时间地保持静止状态或卧床不起。因此，在太空经验的基础上，已经制造出了小型健身器材，开发了康复程序，等等。此外，为了监测宇航员的健康状况，设计出了远程监控系统——最终可以将其应用于医学的各个领域：从监测慢性病患者到训练运动员。现在已经有了进一步的发展，出现了虚拟治疗师——电脑通过生物识别传感器（例如手表）监视您的健康，必要时开药方并监督您及时服药，引导您去看医生，甚至在紧急情况下为您

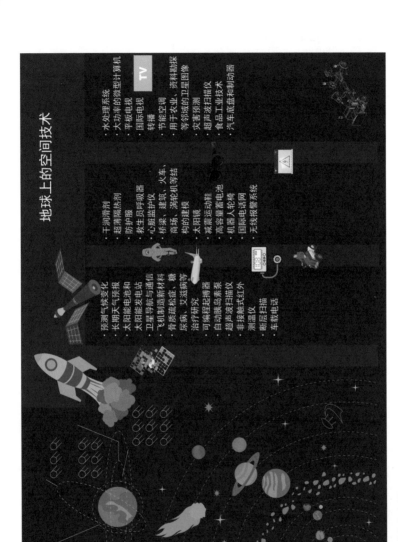

地球上的空间技术

- 水处理系统
- 大功率的微型计算机
- 平板电视
- 国际电视转播
- 节能空调
- 用于农业、资料勘探等邻域的卫星图像
- 灾害预测
- 超声波扫描仪
- 食品工业探测
- 汽车底盘和制动器

- 干润滑剂
- 超薄隔热剂
- 防护服
- 救生员呼吸器
- 心脏监护仪
- 杯架、建筑、火车、商场、涡轮机等连构的建模
- 太阳镜
- 减震运动鞋
- 高容量蓄电池
- 机器人轮椅
- 国际电话网
- 无线报警系统

- 预测气候变化
- 长期天气预报
- 太阳能电池和太阳能发电站
- 卫星导航与通信
- 飞机制造新材料
- 骨质疏松症、糖尿病、艾滋病等治疗研究
- 可编程起搏器
- 自动膜岛素泵
- 超声波扫描仪
- 非接触式红外测温仪
- 断层扫描
- 车载电话

空间技术在地球上的应用

叫救护车。新型轻质材料、隔热材料、发动机、微型太阳能电池板、无人机，这些就更不必说了——一切都摆在我们眼前，而这一切都产生于空间技术。

我们对未来航天有何期待？首先，当然会出现新的能效提高系统。这对于航天来说是个尖锐的问题——无论是载人航天还是非载人航天，这个问题要通过开发超大容量蓄电池和改进发电机来解决。很显然，所有这些开发都将在地面和空中输电中得到应用。其次，目前微卫星和纳米卫星的设计已成为非常时尚的领域。人们相信，造价低廉的微型机器蜂群，将解决原本只能由一台昂贵的大型设备才能解决的难题，并且机器蜂群中的某个个体的丢失不会像大型卫星某个部件出现故障的后果那样严重。诚然，蜂窝系统将在机器人技术领域得到广泛应用——从医学到洞穴学，因为它们可以很容易地进入大型机器人无法进入的地方。最后，由于航天的发展，出现了新的激光器、复合材料、智能软件、三维打印——所有这一切都非常快速地得以推广。我们甚至毫不怀疑，下一个至少缩小一半的小玩意儿，一定是来自制造卫星、行星际飞行器或国际空间站的部件。

宇航员的航天飞行和在空间站的生活费用是多少？国际空间站每年要花费俄罗斯多少钱？

国际空间站是一项十分昂贵的工程，所以，由于永恒的经济问题，我们国家很有可能无法独自完成它。总的来说，我们对国际空间站发展的投入是巨大的。如果只谈资金问题，我们每年平均花费约 10亿美元，所有这些都被用于建造"联盟"号载人飞船、"进步"号货运飞船、运载火箭以及它们的发射，用于保障飞行的地面服务工作，用于宇航员的培训、康复、银行保险，用于建造新的空间站模块。而且，俄罗斯航天局用于空间活动的全部预算（我们以 2018 年为例）是 1280 亿卢布，按当时汇率折合约为 20 亿美元。由此可见，国际空间站会"吃掉"预算的一半。

说到飞行成本和我们的一名宇航员在轨道上的生活费用，要计算出精确的数字是相当困难的。但从原则上讲也是可能的，依据是：一艘"联盟"号飞船的价值约为 3600 万美元，而"联盟 -FG"运载火箭的成本加上发射的费用至少为 2200 万美元，为了使国际空间站正常运行，我们每年必须要派出 4 艘"联盟"号飞船，即花费 2.32 亿美元；此外，为了向所有乘组的宇航员提供食物和消耗品，还需要再发射三艘"进步"号货运飞船，每艘货运飞船加上"联盟 -2.1a"火箭的价值（包括制造、运输到发射场、发射和对接）为 4000 万美元——每年合计为 1.2 亿美元。由此一来，4 艘"联盟"号和 3 艘"进步"号要花费我们大约 3.52 亿美元。我们作为国际乘组成员被派往轨道的宇航员——2017 年有 4 人，2018 年为 3 人，还有 9 月份乘"联盟 MS-10"号飞船的 1 人（遗憾的是飞行未能成功），简单的计算显示，每年仅供 1 名宇航员飞行和维持生活至少要花费 8800 万美元，或者按汇率折算为 57.2 亿卢布。

当然，我们可以通过把外国同行送到空间站来"捞点外快"。但遗憾的是，按照我们国内的物价水平，太空飞行逐年变得更加昂贵。

轨道上的国际空间站（NASA　摄）

第 2 部分

怎样成为一名宇航员？

当一名宇航员需要了解哪些知识？

●

航天业需要哪些专业？

●

向宇航员教授什么？

●

宇航员的体能训练有哪些？

●

宇航员的选拔有哪些标准？

●

进入乘组有什么水平的要求？

●

宇航员的工作报酬有多高？

从哪里可以了解到宇航员招募的信息？

宇航员的招募信息通常可以在俄罗斯航天局网站（https: // www. roscosmos.ru）或其他国家航天机构网站上查到，上面列出了选拔的条件。有时候这种选拔是完全开放的——只要满足条件，任何人都有权申请。在某些情况下，需要有火箭航天领域的工作经验，就是说，要招募的是与宇航员共事多年的内行工程师或医生。

具体的要求细则在预先发布的《竞选宇航员候选人条例》中清楚地列出，选拔活动在宇航员培训中心基地进行。

招募活动多久举行一次？

招募的频率和规模由航天机构根据任务来决定，也就是说，他们先审核，然后再权衡一下：我们需要这么多宇航员来做新项目，是因为老的宇航员因自然退休减员或参与了其他项目而无法完成任务。所以，总体上来说，招募工作的期限和日程安排每次都不尽相同，而且时断时续，有时候间隔的时间很长。比如，在我们之前，曾经连续六年没招募过新人；我们那一期招募活动（2003 年）与下一期之间隔了三年时间。

2003 年招募活动会徽，会徽作者——试飞宇航员马克·谢罗夫

2003 年宇航员招募，谢尔盖·梁赞斯基（右起第四位）

两次的招募活动之间通常间隔四年。最近一次的招募是在 2017 年宣布的，结束于 2018 年 8 月。新一期招募活动的公告已经在酝酿当中，其结果已在 2020 年年底前揭晓。

您小时候想过飞上太空吗？

小时候我的梦想是成为一名生物学家，而且我从来没有想过有朝一日会加入到宇航员的队伍中。首先，我是一个体弱多病的孩子——在上一年级时，由于我的身体状况，我甚至不能上体育课。我的家庭是有一定功劳的，爸爸妈妈共同锻炼和训练我并以身作则，他们成功地培养了一个健康的人——一个始终梦想着成为生物学家的人。

当然，随着时间的推移，我对生物学的兴趣也不断发生改变：最初只是单纯地喜欢那些小动物和小花朵，后来又偏爱生物化学、分子生物学和病毒学。正如您所看到的，我感兴趣的事物变得越来越小，然而却是现代科学的前沿。我先是参加了中学的生物兴趣班，后来读的是莫斯科国立大学生物系，工作后进入了专门研究太空生物学的生物医学研究所。

命运自有安排，在国家的科学状况令人担忧的 20 世纪 90 年代没有太多的选择：要么，你想研究科学，就去西方；要么，你想留在俄罗斯，就远离科学下海经商。不过，我很幸运能够找到这家研究所——一个令人称奇的地方，那里财力也十分不足，但从事的却是最尖端的研究，因为有许多太空实验是其他国家的科学家根本无法复制的：他们确实不具备这样的条件。当然，更令人激动的是，一位年轻的科学家可以在科学大会上提交令所有与会者都兴趣盎然的报告，因为其中包含着独创性的研究成果。

后来突然有那么一天，上级下达了一项决定：向宇航员队伍派送科学家。其实，领导层的任务是招募从事科学研究的医生，而在被提供机会展现自己能力的候选人中，我是唯一一个没有接受过经典医学教育的人。我着实很走运：我的同事们没有通过体检，而我成功通过了筛选，成为队伍中的一员。

不得不说，我们的航天事业尚未做好准备让一位科学家加入到这支队伍中来。尽管我参加了同样的考试，进行了同样的测试，但在通过国家考试后获得的却是不同的资格：军官和工程师们是"试飞宇航员"，而我则是"实验宇航员"。按照正式规定，实验宇航员是飞船上的"有效载荷"，右舷座位。意想不到的是，在 2003 年"哥伦比亚"号航天飞机机毁人亡后，"联盟"号航天器上未来几年的所有科学家席位都被美国人购买去了。领导把我叫去，说："谢尔盖，没有什么个人原因，但你永远不会飞向太空。接受现实吧，让我们考虑一下，再给你另找一份工作，干点别的，你是没有机会的。"因为中间座位是经验丰富的指令长，左舷是随航工程师，而右舷是在飞船上什么都不做的"有效载荷"，他被带到空间站是要完成一些特殊的任务。我实在是太想成为一名宇航员啦！

我突然意识到，我十分想证明：科学家也是人，科学家也可以飞上太空；我意识到，我将不会停歇，直到我尽我所能闯入太空。是的，有些规则我没有能力更改，那就必须要建立自己的声誉。我

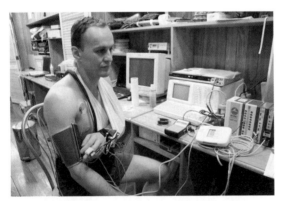

谢尔盖·梁赞斯基在"火星-500"项目综合设施中 105 天隔离的第二个月进行心血管系统功能研究方法的测试（奥列格·沃罗辛／医学生物问题研究所 摄）

通过了学位论文答辩，参加了各种测试，尤其是作为指令长参加了"火星 -500"项目的模拟实验。事情就这样发生了，根据实验的结果，俄罗斯航天局的一位领导人注意到了这位年轻人，他问：这个指令长，他什么时候飞

隔离 105 天后的"火星 -500"模拟实验项目乘组成员，左一：谢尔盖·梁赞斯基
（奥列格·沃罗辛 / 医学生物问题研究所　摄）

行？他得到的回答是："他什么时候也飞不了，将军同志。"他说："我不明白，他是宇航员吧？是宇航员。那我们的宇航员什么时候飞？"再次得到回答："永远不能，将军同志。"自然，将军的反应是：我搞不懂，明天请向我汇报，我要弄个明白。他们召开了专门会议，研究了我的个人档案，作为一个例外，批准我重新参加左舷座位的所有考试。我是少数几个兼获实验宇航员和试飞宇航员身份的人之一——我有两个工种，两本"证"。历史上有三个这样的人：尤里·米哈伊洛维奇·巴图林 [7]，叶利钦总统的前顾问；奥列格·瓦列里耶维奇·科托夫 [8]，我所在飞船的指令长；还有我——第三个。顺便说一下，奥列格接受过基础医学教育，他先是毕业于圣彼得堡的军事医学院，之后就读于卡钦斯基高等军事航空学院，获得飞船指令长的身份。而我，是历史上第一个没有工程学位的随航工程师。

7　尤里·米哈伊洛维奇·巴图林（1949—）：俄罗斯第 90 位宇航员，俄罗斯政治家、科学家。
8　奥列格·瓦列里耶维奇·科托夫（1965—）：俄罗斯第 100 位宇航员，俄罗斯联邦英雄，"联盟号 TMA-10"飞船指令长，"联盟号 TMA-17"飞船指令长。

当一名宇航员需要了解哪些知识？

宇航员是通用专家，所以，为了拓宽自己的技能，必须广泛涉猎知识，包括天文学、物理学、医学和程序设计。您要知道，国际空间站有 100 多台电脑、3 个网络、Windows 和 Linux 系统，还有 WiFi 接入点和服务器。在培训期间，宇航员必须深入地研究 70 多个工程系统，不是为了出现状况时修复它们，而是为了能够向地球清楚地解释所出现的问题。因此，我们需要尽可能多地学习知识，并学会快速感知、吸收和复制信息。

需要什么样的学历？

至少是高等学历。具体需要什么样的高等学历，这取决于具体的招募对象。在一些情况下，强调必须要有高等技术学历；而在另一些情况下，只需高等学历即可。许多宇航员不止有一个学历，有辅修专业是选拔的参考项。

也有纯粹形式上的要求。有一位已经加入队伍的候选人最终却没有被录用，原因是他虽然能说一口流利的德语、法语和西班牙语，但却几乎不懂英语。我很不理解，因为很显然，这种会多种语言的人是很容易学会英语的。然而，他的候选人资格被取消了。

还有什么有助于加入这个团队呢？申请的时候，通常还需附上一系列的医疗证明。你要为此自己掏钱做所有必要的检查。你还需要展示你所有的技能，比如，你有跳伞经验、有飞行执照。接下来还必须通过英语和体育考试。

有一次，在准备第一次飞行时，我留意了一下年轻人，尤其是年轻女孩在选拔中的表现。眼前这个女孩，一副运动员的体魄，体格非常强健，而且看似状态良好，她正准备从三米高的跳台上"鱼跃"跳下。依我看，她已经三次爬上这个跳台，又三次爬了下来。教练走过来对她说："下定决心，这是您最后一次机会。"与此同时，在泳池边的某个角落里，默默地站着一位心理学家，他

宇航员谢尔盖·梁赞斯基在跑步（照片来自谢尔盖·梁赞斯基的个人资料）

观察着这一切。最终女孩也没有跳，她自然也就没有加入到队伍中来，心理测试也是非常重要、非常严格的。

一定要是飞行员吗？

不是的，对此现在已经不做强制性要求了。飞行技能训练本身就是未来培训的一部分，当一个人通过了选拔阶段，他还没有成为宇航员。劳动手册上的职务是"宇航员候选人"，而且这个职务要保持整整两年的时间，在这段时间里，要进行飞行实习、跳伞、潜水、学习在沙漠、海上、雪中的生存技能，等等。

未来的宇航员谢尔盖·梁赞斯基在别尔茨克[9]进行跳伞训练

所有这些测试同时也是在评测抗压能力，比如跳伞，在受试者的头盔里装有一个带麦克风的录音机，手腕上的高度计旁边有一张题卡，你必须要在从离开直升机到打开降落伞的间隔时间内做出题来，并口授自己的答案，根据所答题的正确性和声音的音色来确定你的压力水平。过程中任务是多重的：你要做着题，看着高度计，还要描述教练给出的信号——他将和你一起跳，他会降落到你旁边，做一些手势，而你需要对此做出评论；接下来，在严格确定的高度，你需要打开降落伞，着陆后对自己的跳伞和做题的正确性做出分析。

飞行和跳伞训练对于塑造宇航员的职业人格非常重要，因为在进行这项业务培训时，他处于任何其他方式都无法创造的真实应激条件下。在进行真正的太空飞行训练时，坐在家里舒适的椅子上玩危险情况下的模拟练习是毫无意义的。

---

9 别尔茨克：位于俄罗斯新西伯利亚州。

航天需要哪些专业？

　　宇航员接受的是通用专家的培训，他能够做任何事情，从科学实验或驾驶飞船到在轨道上做外科手术，或者在太空中为学童上网课。但是要通晓一切、学会一切是不可能的，所以我们非常依赖地面操作人员和曾经飞过的宇航员的提示。

　　在未来，如果航天业继续发展，一定会出现狭窄专业化的趋势。例如，将有一个"太空出租车司机"的职业——他们将把飞船从近地轨道开到月球或火星，然后再返回，因为那里有一个科学基地，科学

家们在那里轮班工作。或者是另一种情况：在高轨道上的某个地方，有一个自动化的实验工厂，它将生产只能在完全零重力下培育的特殊晶体或蛋白质，需要"出租车司机"把耗材运送到那里，过一段时间后再去取回产品。还会需要工程师来维护太空基地和工厂，万一发生事故或任何技术故障，将需要太空维修工团队。也许将在月球上建造一个天文台，到那时天文学家就可以进入太空了。如果与志同道合的同行建立联系，将有大量的新职业出现：太空生物学家、太空语言学家、太空外交官等，也就是说，这看似还是那些职业，但是却具有了某些地外的特征。所以，请相信，随着航天业的发展，任何一位专家都会有机会获得进入太空的通行证，最重要的是要成为自己所从事领域的真正专家。

招募时对健康有限制吗？

当然有，目前甚至还非常苛刻，但大家依然是动力十足地去当宇航员，很显然，他们准备了一大堆文件，熟悉了理论基础，他们对飞行充满了渴望。但遗憾的是，正如我们常说的，没有完全健康的人，但有的是"体检不合格的人"。一个人往往不知道自己的健康状况

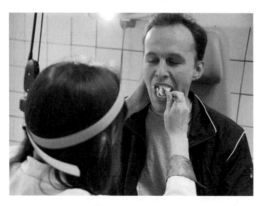

未来的宇航员谢尔盖·梁赞斯基正在接受体检
（奥列格·沃罗辛/医学生物问题研究所　摄）

实际如何，似乎是哪儿都不疼，也没有哪里不舒服，所以就不会去看医生，不去做额外的身体检查。于是，在深入检查的时候，就突然出现健康问题了，这严重影响了入队的机会。

当然，实际上隐藏的问题并不多，但它们会对生活方式产生重大影响：应招者不仅会被拒绝，而且今后将不得不放弃极限运动和严重负荷，转向特殊饮食，等等。他们被淘汰的原因首先是心脏病并发症，其次是身体超重。一旦发现有肾结石、胆结石和溃疡疾病，就会有迅速从轻度到恶化的危险。

至于视力，今天这个问题是有区别对待的。如果一个视力差的人能够正常工作，能够完成所有交付的任务，就没有理由将他拒之门外。总之，当代宇航员是一个具有"中等"健康水平的人，但不能有任何创伤、病理问题和慢性疾病。

在年龄上有限制吗？

每一次的招募条件中都列出了年龄的限制，例如，最近一次招募规定的年龄极限是 35 岁。但令人奇怪的是，你一旦加入了这支队伍，年龄限制就会被解除。我们的帕维尔·弗拉基米罗维奇·维诺格拉多夫[10]在国际空间站上庆祝了他的 60 岁生日，甚至还进行了太空行走。与我一起乘"联盟 -MS-05"号飞船飞行的意大利宇航员保罗·内斯波利[11]，在发射前 3 个月时也庆祝了他的 60 岁生日。在通过所有的选拔、测试、考试之后，在获得了轨道实践经验之后，宇航员变成十分有价值的专家，因此在很长一段时间内仍然很受欢迎。

10　帕维尔·弗拉基米罗维奇·维诺格拉多夫（1953—）：俄罗斯第 87 位宇航员，世界第 360 位宇航员，曾于 1997 年、2006 年和 2013 年三度飞往空间站，一共进行了 7 次太空行走。
11　保罗·内斯波利（1957—）：欧洲航天局宇航员，意大利工程师，意大利第 5 位宇航员。

似乎对最低年龄没有任何限制，但大家都明白，一个中学生或大学生是不会被送入太空的——他必须要完成大学学业。据此可以认为，提交申请的最佳年龄是 27 ～ 30 岁，因为到那个阶段身体已经完全发育成熟，不再有荷尔蒙激增。此外，这个年龄的候选人在很多方面均已形成独立的人格，诸如专业技能、人生阅历和基本的世俗智慧等。

如果第一次遭淘汰，是否还有第二次入选的机会？

是的，这种情况不乏其例。例如，美国的克里斯托弗·弗格森[12]，他是在第二次选拔时才加入宇航员队伍的，但后来他三度飞入太空，在他的最后一次飞行中成为"亚特兰蒂斯"号航天飞机的机长——实际上就是在 NASA 载人飞船迄今为止的最后一次飞行中担任机长。有些人是在预选拔阶段被刷下来的，所以他们还有机会纠正错误、加强练习和适当治疗，然后再重新写申请，关键是要坚定信念，真正有进入太空的梦想。

向宇航员教授什么？

我一直在说，宇航员的主要工作不是进入太空的飞行本身，而是学习，这听起来可能很奇怪。一方面，钻研所有这些技术和其他深奥难解的东西——这是一件十分有趣的事情；另一方面，这也是一件非常艰难的事。

简单概括地说，向宇航员教授一切。载人航天的独特之处在于：

12　克里斯托弗·弗格森（1961— ）：参加过 3 次太空任务：2006 年的"亚特兰蒂斯"号航天飞机 STS-115 任务、2008 年的"奋进"号航天飞机 STS-126 任务和 2011 年的"亚特兰蒂斯"号航天飞机 STS-135 任务，太空飞行时间累积 40 天 10 小时 3 分。

宇航员必须是通用专家。我们暂时还没有能力把指令长、飞行员、工程师、医生、钳工、水管工、教师、摄像师、翻译、生物学家、物理学家等都编到一个乘组里再派送出去。此外，宇航员们必须能够进行角色转换，因为一个医生（假如乘组中有的话），他也会突然生病，那是否意味着我们要派两名医生进入轨道？……由此可见，现代航天业更大程度上培养的是通用专家。当然，有人擅长驾驶飞船，有人则稍微逊色；有人太空行走很自如，有人则略显笨拙，因为他不过是身体重一些。但是，所有的宇航员都可以身份互换，无一例外，只有这样才能高效地完成飞船上的工作，因为有时工作是并行的，有时有人因忙于维修而无法操作自己的项目，这就需要替换他一下。

　　这支队伍的培训既有一对一的方式，也有集体的方式。新队员的第一节课通常是学习航天学的历史，一个人必须要了解他所投身事业的起源，以便树立对该事业应有的态度和继承观念，你需要看到和认识到：你是一个接班人，你在推动着航天业朝着既有的方向发展；你是一个伟大事业的参与者，也是一个庞大团队中的一员。

　　接下来就是分班上理论课。比如，为什么我们的飞船会飞而不会掉下来？必须要懂飞行的物理原理，要了解轨道建造的规律，了解什么是共面性，还要知道宇宙飞船如何从一个轨道运行到另一个轨道以实现与空间站的对接，它如何返回地球，需要朝哪个方向发出推力。当然，现在飞船的调动主要由地面专家或飞船上的电脑来控制，但是，如果不懂基础知识，就无法理解飞行的原理——宇航员就会扮演着乘客的角色，不知道自己将被带往何方，也不知道最终被带到哪里。尽管这一切都是包含着一大堆微分方程的最复杂的数学问题，但必须要掌握它。

　　星空。从很久以前开始，宇宙飞船和宇航员就参照星空来判断自己所处的空间位置。当然，今天计算机可以做到这一点，它通过特殊的传感器来"观"天，捕捉图像并将其与系统中储存的矩阵进行比较，然后通过计算来判断所处的位置。既然这一切似乎都能由计算机来完成，那么宇航员有什么必要知道天体导航的微妙之处呢？以防燃眉之急。如果突然出现某种天文现象或者这台计算机出现故障，宇航员必须能够自己判定方位。此外，对星空的研究开阔了人们的视野。

外语。由于加入宇航员队伍的人外语知识水平参差不齐，入选后马上分组并分配个人工作。有的人一开始语言就好——我是学科学的，我的英语很流利，但军事飞行员通常在加入队伍之前不需要精通外语，所以他们从简单的课程开始。为了加入团队，必须得把语言"拉"到B2 水平[13]，也就是"中上"水平。那样你不管在什么情况下都能听懂美国同事在说什么、进行对话并阅读专业书籍和说明书。顺便说一句，来自欧洲和日本的宇航员比我们的飞行员更加辛苦：他们不仅要学习英语，还要学俄语——这是宇航员培训中心的规定。

计算机网络。必须要了解一般意义上的信息网络，什么是 WiFi 接入点，什么是服务器。轨道站是一个巨大的工程综合体，由许多系统组成，其中包括计算机系统。国际空间站上有三个计算机网络，计算机既运行 Windows 也运行 Linux，任何一名宇航员都必须能够精通这些。如果发生故障，而你自己不能修复系统，你至少应该向地球解释发生了什么，你看到了什么，你得出的初步结论是什么，然后地面专家会针对需要更改或维修的内容提供建议。此外，在飞船上的文件和说明中可以找到很多东西，一切都写得清清楚楚，但你同样需要知道到哪里去找。

---

13 俄罗斯将语言的实际运用能力分成 3 等 6 个级别，A1、A2、B1、B2、C1、C2；A1 至 A2 为基础水准，B1、B2 为熟练使用，C1、C2 则为最困难的近似母语的水平。B1 是相当于中国的大学英语四级，B2 相当于中国的全国高校英语专业八级。

以上是在培训时所教授的基础知识，是任何一个宇航员都必须要完全掌握的内容。但是从某个时候起，开始以个人形式的培训为主导，因为宇航员们在行业中还履行着各种职责：有人代表团队临时去外国太空机构；有人被

宇航员必须精通计算机技术

调到飞行指挥中心去工作，然后再回来。培训也可能意外中断——或者是你落后于自己的团队，或者相反，是你遥遥领先，有些课程就开始给你单独讲授，有些课程你通常要与其他招募组一起进行。

有时还有这种情况：你通过了工程系统方面一门很难的考试，一切都很好，你是一个优秀学员，可以放松一下了。但想不到的事情发生了，你去休假了，可就在这个时候，开发人员更改了系统，出现了新的版本，他们告诉你："对不起，伙计，整个考试必须重新再来一遍。"于是，你就得和那些同样"过时"的人，和那些还没来得及熟悉更新系统功能的人一起再考一遍。

现在来谈谈培训的日程安排。这一切要看宇航员经历着哪个阶段，通常就像在大学一样，每天要上四节"大课"，每一节"大课"为一个半小时。8 点来吃早餐（宇航员由单位管饭）；9 点开始上课；11 点第一节"大课"结束，开始上第二节"大课"；1 点到 2 点吃午餐，还是在专门的食堂用餐；等等。

体育课每周三次，私人教练给你上达标培训课。如果没有特殊的训练，则在监督下进行体能练习。

如何度过闲暇时间，由每个人自行决定：有人回家去见家人；有人坐下来，试图补上落下的功课，或者深入探究一下当天的专题。作为一名生物学家，我一开始感觉很吃力，因为我必须要学习工程学以及我不太待见的高等数学。那些最初接受了工程教育的伙伴们钻研起工程学科来当然要容易得多，而我为了赶上他们，牺牲了休息和陪伴家人的时间，我不得不大量地阅读参考文献，为研读它们几乎每天都通宵达旦。

　　不过，还是有一些学科是令我真正痴迷的。我非常喜欢"星空"这门课程，它是由一个绝对独一无二的人——工程师阿纳托利·米哈伊洛维奇·奇吉里诺夫[14]给我们讲授的，不幸的是他2018年去世了。20世纪60年代，他来到宇航员训练中心，负责教学过程的组织工作，曾担任团队指挥官乔治·蒂莫西耶维奇·贝雷戈沃伊[15]的助理。当宇航

谢尔盖·梁赞斯基在利用所学知识发表演讲

员培训中心拥有了自己的天文馆时，奇吉里诺夫开始设计"星空"课程。第一个按照阿纳托利·米哈伊洛维奇·奇吉里诺夫的教学方法学习该课程的宇航员是维克托·戈尔巴

14　阿纳托利·米哈伊洛维奇·奇吉里诺夫（1955—2018）：俄罗斯宇航员训练中心的首席工程师。
15　乔治·蒂莫西耶维奇·贝雷戈沃伊（1921—1995）：苏联宇航员，两次获苏联英雄称号：第一次是因伟大的卫国战争，第二次因太空飞行。

特科[16]，那还是在 1979 年。该教学方法确实非常独特，其理论根据是助记规则。比如这样一个问题：如果知道天空中的三个星座，如何能说出北半球所有的星座？奇吉里诺夫意识到，宇航员的招募标准首先是健康，所以，应该想办法减轻这些健康、优秀孩子们的负担，使他们更容易轻松地消化吸收那些被他们认为无用的大量信息。于是，他想到了讲故事——这些故事帮助他们记住黄道十二宫、南北半球的所有星座。我甚至有一个设想：可以根据奇吉里诺夫编写的手册制作一部教育卡通片，因为这种方法即使是一个小学生也能轻轻松松地掌握。

　　我们来看三个星座。大熊星座我们很容易就能找到吧？找到仙后座同样很简单——就是天空中倾斜的字母 W。还有猎户座——它腰上有三颗星。接下来就对每颗星讲童话故事，它让你认识一大片天空。就说猎户座吧，他是谁？猎人。他的脚在哪里？在他腰带右边最亮的一颗星被称为参宿七，是他的一只脚。猎户在哪里打猎？在河边，他的脚就踩在河岸上，那就是波江座——名字来自古雅典的一条河流。他在猎杀什么动物？野兔和鸽子——在他下面就是天兔座和天鸽座。他带着什么打猎？一条猎狗，左下方就是猎户座，等等。由此一来，当你看到猎户座的腰上三颗星时，一下子就能说出它周围的一切。

　　我有一个与"星空"课程相关的有趣故事。那还是在第一次飞行前，我来到克拉斯诺达尔边疆区的"小鹰"儿童中心。说来也巧，"航天"班与孤儿院的少年班被合并在一起，他们彼此间的差别立刻显现出来：一些孩子对太空充满兴趣并努力寻求自我发展，而另一些在家庭之外长大的孩子拥有的只是学校里学的常识性知识。差别不仅表现在心态上，而且还表现在对人生的态度上和彼此间的沟通中。这不，孤儿院

16　维克托·瓦西里耶维奇·戈尔巴特科（1934—2017）：苏联太空人，曾参与"联盟"7 号、24 号及 37 号太空飞船的任务，在其中的"联盟"37 号任务中，与越南首位太空人范遵同行。

的几个孩子擅自离开：他们翻过栅栏，偷偷跑出去买啤酒和香烟。那天晚上我恰好沿着海边散步，看到一个孤儿院的孩子走过来，他一只手拿着一瓶啤酒，嘴上叼着香烟，怀里搂着个姑娘，嘴里讲着什么，还夹杂着脏话。第二天，我有一个讲座，这些孩子也坐在那里，我对遇到的那个男孩说："昨天我看到你领着个姑娘，好像你除了聊啤酒和香烟，对她就没什么可说的了，你不妨兴奋地说：'看，亲爱的，星星多美啊。'然后你马上给她讲一讲星座的故事。"我向儿童中心的辅导员要了几页图画纸，开始像奇吉里诺夫教我的那样凭借记忆画星空。

几天后，我又来到海边散步，这时就听到："哦，不对，那是天鹅座，就算白痴都懂。"孤儿院的孩子们站在那儿讨论着。

教学方法非常奏效！这是最重要的。还有这无限美好的夜空，不像莫斯科的星空那样受城市霓虹的干扰。当然，很多东西我都淡忘了，但很快我就要和朋友们一起去度假，我打算刷新一下自己的知识——告诉他们天鹅星座在哪个地方。

从太空能看到哪些星星？

还是那些。因为我们在太空中的距离并不是很远，没有明显差别。只不过那里的星星更亮一些，这是当然的。

如何在离心模拟器、高压氧舱和绝音室中进行训练？

当我向小学生们介绍离心模拟器时，我通常会问："你们听说过'昏昏欲睡、跌跌撞撞'这样的形容吗？这就是宇航员在离心模拟器中的工作状态。"说真的，离心模拟器测试没什么大不了的，因为现代休闲公园的过山车产生的超重值与它基本上是一样的——3.5 个 G 到 4 个 G。实际上，这正是正常的受控飞行所产生的过载。宇航员接受的训练是带有某些"余量"的，以便能适应更大的荷载。例如，在大气中不可控降落过程中，会产生约 8 个 G 的过载，所以，作为体检的一部分，我们每年都以这种模式进行离心模拟器测试。

当你被分配到飞行乘组时，离心模拟器与飞船程序控制相结合的训练就开始了。在第一阶段是按入轨时间表或返回大气层的时间表来熟悉旋转，然后进行手动控制训练——就是说，你的手"转动"多少，你就承受多大的超重力。当然，安全性是有上限的，但如果你错了，这将是一个严峻的考验。这项训练的目的是让未来的宇航员在反射层面上感受一下其行为与控制错误的真实飞行中发生的过载之间的直接关联，训练过程持续一分半到两分钟。与此同时，还要测试你的视力水平和自我感觉——你全身都插满传感器。总之，离心模拟器就是一个很好玩的过山车，在它上面的训练还不能说是非常困难：一个普通人完全能够承受。

高压氧舱不用于训练，用它检测是体检的一部分，检查人体耳压功能。当降低气压时，你似乎被"抛"出去5000米远，你刚刚坐稳，接着又被迫进行"自由落体"运动——空气开始被抽走。同样的方法也被用于测试相当于1万米的情况，但已经是戴上了氧气面罩，测试你如何平衡中耳与内耳、外耳之间的压力。如果在飞行过程中有释压情况发生，由于有了在高压氧舱中积累的经验，你立即就会明白，这是气压在下降。你穿着宇航服，当压力平衡时，也是同样的情形——你的耳朵可以感觉到一切。

有一些特殊的训练被认为是医学检查，但却是严峻的考验。例如：绝音室，你被关在一个没有窗户的小房间里，第一天你只是在里面睡觉，然后三天两夜不能睡，并且不停地做些什么，做测试题、撰写论文、回答问题，与外部世界没有直接的联系。你通过信号装置来接收指令：操控台组合灯亮起，你就必须查看编码表并完成相应的任务。许多工作都需要戴着记录脑电图的"小帽头"来完成：专家们观察你的大脑处于极度疲劳时的状态。如果你突然睡着了，通过摄像机监视你的值班医生会马上打开警报器叫醒你。说实话，当我往那里去的时候，我在想：三天不睡觉，我会死在那里的。在绝音室里最可怕的不是工作阶段，而是休息的时候。当无事可做、没有人可以交谈的时候，坚持下去是件非常困难的事。当然，每个人都有解决这个问题的方法，比如说我：我带过一本书，但实际上立刻就睡着了；我带过吉他，弹着吉他也睡着了。拼组 3000 片的拼图很有帮助，因为你在做这件事的时候，要花很长时间选择，然后埋头到一大堆东西里，突然你看到了你一直在寻找的那一片。但最重要的是，当这三天结束的时候，我走到外

宇航员训练中心的离心模拟器
（安德烈·谢勒平/宇航员培训中心　摄）

面，医生们赞许说"干得好！一切都做得很棒"，我突然意识到，我甚至可以坚持四天不睡觉。

我们自己不相信自己，但身体总是有储备的：就我而言，它进入了一种特殊的节奏，学会了抽空就不知不觉休息一下。在绝音室里"监

禁"的结果后来对我产生了很大的影响：我意识到我可以做得比我自己想的要多得多。不要吝惜自己，只要有目标，就必须去实现。

宇航员的体能训练有哪些？

宇航员与运动是分不开的，可以说，运动是宇航员的一种生活方式，我们无论在地球上还是在太空中都坚持锻炼。在轨道站上锻炼尤为重要，我们每天要为此花费两个小时，从无例外。如果不能保持体形，由于失重引起的肌肉萎缩很快就会发生。而地面上的锻炼有助于养成自己的作息习惯，能够使未来的宇航员将从事体育锻炼视为一种日常活动，就像刷牙一样。

然而，专家不建议总是只做一件事，宇航员必须和谐发展，所以，我们跑步、游泳、滑雪、骑自行车、打羽毛球和打网球。有时我们会组建一支足球和排球队，虽然没有人要求我们取得奥运会比赛的成绩，但是，当然啦，队伍中有些人享有运动健将或运动健将候选人的称号。

还有什么是重要的呢？一般来说，宇航员的生活原则就是对自己负责，因为这支队伍招募的是有行为能力的成年人。你可以做任何你想做的事：喝酒、抽烟、违反制度和打破常规，如果你同时通过了体检，满足所有要求并通过了考试，那么就不会对你有任何苛求。但是，一旦你身体哪个部位开始"下垂"——不注重医疗保健，不加强体育锻炼，体重增加了——那你可就要被撕掉7层皮啦，该问题要报告给上级领导，你要被警告100次，医生将拼命地催促你，体育教练将拼命地催促你。

我要感谢爸爸妈妈！我有一副良好的运动体质，所以没有什么大问题。曾两次担任乘组教练的萨沙·诺维科夫通常都这样问我："谢

谢尔盖·梁赞斯基每天跑步
（照片来自谢尔盖·梁赞斯基的个人资料）

尔盖，你今天做什么？"我回答："跑步。"他说："好吧。"他就跳上自行车，骑车与我并行，关注着我的速度。或者下一次："你今天想游泳吗？"我说："萨沙，这样吧，我跑会儿步，然后再游会儿泳。"他说："但不少于 1000 米。"我回答："好的，至少 1000 米。"我们一直就是以这样的对话形式工作。他知道我没有多余的体重，知道我或多或少都会督促自己，所以没有必要特别监督我的训练。

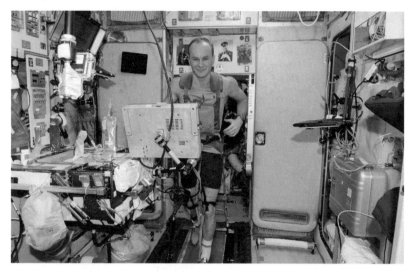

谢尔盖·梁赞斯基在国际空间站的跑步机上

不要摧残自己，决不能自我摧残——无论如何都不能。必须要找到与自己沟通的最佳方式，然后一切问题就都迎刃而解了。

如何模拟异常和极端情况
（在着陆期间或发生其他事故的情况下）？

正如我们的心理学家所说，任何人都会害怕一些事物，害怕是正常的心理。如果一个人不害怕任何东西，那么他很可能是一个病人，他应该去看精神科医生。然而，对于宇航员，他必须要战胜恐惧。

当你跳伞时，你必须完全放松。在迎面而来的气流中，任何一个紧张地伸张开的肢体都将会变成螺旋桨的叶片——将你旋转起来，无序的下降即刻开始，降落伞将被胡乱地打开，你可能被纠缠其中，等等。你会感到害怕，尤其是在初次跳伞时，但是，这时你必须完全放松——该如何兼顾这些呢？

　　前面我已经讲到了，在跳下去的时候，我们要按照固定在手上的特殊卡片做题。也就是说，你必须从直升机上自由落体跳下，不要看自己，而要直视卡片和旁边与你并排降落的教练。题相当简单，但是需要集中注意力。例如，画有一副棋盘，上面的黑色和红色数字的顺序是随机排列的，黑色数字应按升序大声朗读，红色数字应按降序大声朗读：黑色—1，红色—28；黑色—2，红色—27；黑色—3，红色—26……或者是画有几只表盘——它们显示不同的时间，所有表盘的总数是多少？哪一个较晚，哪一个较早？着陆后，心理学家通过录音来确定卡片上的题你做对了多少，你在整个训练中使用了多少语出惊人的词语，以及你受到多大程度的压力，等等。当然，类似的答题专家们允许事先进行练习。我一遍又一遍地做，可突然我意识到：我的纪录是 24 秒，而自由落体时间是 20 秒，说明我怎么都过不了关。当然，我心里明白，还没有哪个伞降人员跳伞失败，但这不过是一个小小的安慰。令我惊讶不已的是：后来查看我跳伞时的答题结果，平均时间竟然是 12 秒！所以，科学证明：我的大脑在压力条件下的工作速度正好提高 1 倍。恐惧被证明是有益的——它可以刺激身体，激活内部储备，并有助于更快更有效地应对挑战。

　　我们还接受控制这种状态的训练，你必须不断地评述正在发生的事情，你现在正在做什么题，在你周围都看到了什么，教练做了什么手势，高度是多少，降落伞是如何打开的，离计划着陆点的距离是多少，等等。集体跳伞也是如此，跳伞员在自由飞行中要排好队形，你要评述：我第六个出舱，正在靠近阵形，我的位置在右边，我在下落，速度正常，

宇航员集体跳伞（照片来自谢尔盖·梁赞斯基的个人资料）

我能看见左边的人，还有右边的人，我已靠近，呼吸平稳，顺利到位……从某个时刻起，你就习惯了，对你来说利用压力来进行自我激励已成为一种常态。

　　非常有益的是生存训练，因为在这个过程中培养的不仅仅是抗压能力，而且还有在团队中建立人际关系的技能。这个团队不是你选择的，而是分配给你的，如何与陌生人一起分担工作？怎么能知道你可以依靠谁？如何防止冲突？这种培训很好地将组建好的乘组凝聚在一起，并培养一个临时乘组成员之间的协同力，因为会遇到各种各样的情况。有些人为团队工作非常积极："伙计们，咱们的柴火不够了，我去弄点来。"有些人不愿意独自做决定，会走到你面前问："指令长，我该做什么？"有些人默默地坐在篝火旁取暖——除非你踢他们一脚，否则他们什么也不做。不过，宇航员是成年人，我们无法改变他们，只有通过观察和分析他们的工作表现，才能知道如何在真正的太空飞行中与他们建立相互的关系。你可以把一个工作面交给谁然后就把它忘掉，因为你知道他会做得准确无误；谁需要给予一步一步的指示和讨论；谁每一次按键都需要监督。事实上，乘组内部的管理风格是在生存训练中确定的。

　　我经常举这样一个例子。在莫斯科郊外的一次冬季生存训练中，我们用云杉枝条做了三张床：第一张很软很舒服；第二张是正常的，但枝杈向上翘着；第三张很糟糕，上面有雪块和冰碴儿。一个人会选择哪一张？你无须替他做决定，只要仔细观察着就行了。他首先考虑的是自己还是团队？你无法改变他，但这会帮助你在未来建立与他的

谢尔盖·梁赞斯基的乘组成员在冬季生存训练中

（安德烈·谢勒平 / 宇航员培训中心　摄）

关系。你会理解他的优先选择，当他再次为自己考虑的时候，你就不会生气了，因为他天性如此。

除了跳伞和生存训练外，极限运动还包括在水力失重状态池中行走作业。在宇航员培训中心有两种模拟失重的方法。第一种方法是借助计算机控制的重量平衡系统，你穿上航天服，被悬挂在缆绳上，滑架在上面运行并拖拽着穿着航天服的你在模拟练习器上滑行，而你需要完成各种操作。第二种方法要利用一个四层楼深的游泳池，它的底部是一个空间站实体模型，首先，在过渡隔舱中，你要设计好准备进行太空行走的程序，然后你走出隔舱，开始游泳，在站体上做一些事情，拖拽重物，展开设备。虽然在泳池中感觉不到真正的失重，但训练让你意识到它的物质完整性：什么在哪里，克服这段距离需要多长时间，做哪些动作才能到达正确的节点，你的搭档去了哪里，他是否还在视线之内。

第一阶段，在泳池中进行所谓的规范操作：标准的出舱、打开舱口、关闭舱口、搬运货物。后来你的搭档好像失去了意识——进入 NRO 状态，即操作员丧失工作能力。你爬到他身边，把他绑在自己身上并迅速地（必须要达到标准）将他拖入舱口，关上舱口，这样你就救了他。当你要准备正式出舱的时候，第二阶段的训练就此开始。一位专家走过来说，我们计划这样出舱，你先往左走并怎么怎么操作，然后再往右走并怎么怎么操作。根据训练的结果，你有权说，伙计们，看，结果是无效的。首先你们要向右走，然后再向左，不要让第一个操作员来做这项工作，而要让第二个操作员做，理由是什么什么。你要自己调整即将到来的太空行走，这非常管用。

没错，进入真实的太空，你一下子就感觉到了有什么差别。在这里，你被推开——水让你慢下来；在那里，你被推开——没有任何东

宇航员培训中心的水力实验室
（安德烈·谢勒平 / 宇航员培训中心　摄）

西会减慢你的速度，你会飞起来，直到撞到空间站舱壁或抓住什么东西。最初，我第一次进入太空时，甚至有些手足无措，但是没有恐惧，因为我接受过严格的训练。

　　我们还针对紧急情况进行培训——通常是分组进行。空间站火灾、释压、空间站空气污染——在所有情况下，首先启动传感器、关闭通风，然后每个乘组成员开始扮演指定的角色：第一个负责为故障模块断电，第二个负责灭火器和防毒面具，第三个负责弄清楚事故的原因并向飞行指挥中心报告，我们这里出现了问题，发现了什么什么，我们是如何应对的，空气状况如何如何，事故原因已查明。接下来就是按照指令操作。我们要通过应对所有异常情况的考试并进行培训，直到完全

宇航员在轨道上试戴应急面具

熟练自如。很显然，不可能预见所有的意外情况，但是拯救空间站的整个操作流程必须要演习到位。

异常情况还包括手动对接，因为在正常飞行中对接是自动完成的，如果出现紧急情况，宇航员可以随时接管控制权。历史上最不寻常、最专业的手动对接案例，当数由弗拉基米尔·亚历山德罗维奇·贾尼别科夫[17]控制的"联盟 T–13"与"礼炮 7 号"空间站的对接，当时它变得难以控制。简直是超级特技飞行！他是宇航员进行训练的典范。当然，现在有电脑可以模拟出比他当时更严酷的条件，其中包括光线条件。在白天和在黑夜的对接规程差别是巨大的。比如，你正在光照

17　弗拉基米尔·亚历山德罗维奇·贾尼别科夫（1942—）：苏联空军少将，曾五次进入太空，两次荣获苏联英雄称号（1978，1981）。

下进行对接，可突然开始由光亮向阴影过渡——你必须立即切换到新的模式，这时候你可能面临什么都看不清，很难计算出距离，等等状况，诸多的细微差别，所以，这一切都要在地球上设计好。把一艘载人飞船对接到空间站上，就相当于你乘坐着飞船飞向空间站；而把一艘货运飞船对接到空间站上的情况则恰好相反，你是坐在空间站上，飞船向你飞来，这是多么有趣而又令人兴奋不已的情景！有点遗憾的是，我没有机会实际操作一下手动对接，但是我在第一次飞行中有幸目睹了我的指令长奥列格·科托夫将货运飞船对接到了空间站上。

幻想着自动对接系统会崩溃，我将有机会检验一下自己的业务技能，这或许是自私的想法。但是，当你接受了这么好的训练却无用武之地时，仍不免会感到失落。不过，我在其他方面却很幸运——我们有一些宇航员，他们在自己的职业生涯中从未涉足过外太空，而我则多达四次。

在应有的专业水平上实现自我，这非常重要，更重要的是你做得很好。这不仅对你很重要，而且对培训你的人同样很重要。

您认为哪一种训练最有趣？哪一种训练最艰苦？

很难区分，一切都很有趣。一个普通人去工作，日复一日地做着同样的事情，假设他早就想换个工作，但他做不到：合同、职责、工作日程，还有必须交付的货款。从这个意义上讲，宇航员无可抱怨——总有崭新的体验：第一天，你来上班，要处理电脑；第二天上班，你要接受医学培训；接着是跳伞，然后是潜水；你马上又要上体育课，还有英语和"星空"课程……所以不会有工作单调引起的情绪倦怠。老实说，当没有课的时候我就会感到无聊，因为在星城的学习是一种很好的激励与滋养。

最艰苦的训练大概是在沙漠上，有两名宇航员和一名教官参加，而这位教官当时获得了大尉军衔，应该说，大尉是任何一个军官的标志性军衔之一，他自然是好好庆祝了一番，所以疯狂宿醉之后他就"进入"了沙漠生存，也就是去接受五十摄氏度高温的考验。然而，我们的水是有限的，同时还有很多工作要做，而且我觉得，这个人真的马上就要死了：他身上中了毒，身体虚弱，需要大量补水。我的搭档说："我们的消耗是有计划的，就该遵守，这是他自己的过错。"但我不同意这一点，并开始把我的水给这位同志喝。搭档看到，也开始把自己的水拿出来。坦率地说，第一天我们两个人几乎没有喝水，因为教官的情况很糟糕。当然，第二天他几乎承担了所有的工作——他意识到了自己的过错，像个赎罪的人一样拼命地干活。最终，我们顺利完成了训练，水还有剩余。此外，我们还设法从各种沙漠植物中汲取了一升左右的水。总之，我们经受住了考验……

从加入队伍到第一次飞行需要多长时间？

每个人的情况不一样。我们都知道，尤里·加加林等了一年多，现在当然需要等待更长的时间。但也有例外，谢尔盖·克里卡廖夫[18]作为试飞宇航员总共等了两年，但机缘巧合助了他一臂之力：他被编入乘组是接替因健康原因而退役的亚历山大·卡莱里[19]。

如今，自入职之日起最短要等待六年：常规的太空训练为两年，

---

18 谢尔盖·康斯坦丁诺维奇·克里卡廖夫（1958—）：苏联宇航员，苏联英雄和俄罗斯联邦英雄，曾6次乘"联盟"号宇宙飞船和美国航天飞机执行太空任务，是世界上在太空累计停留时间最长纪录的保持者（803天9小时39分钟）。
19 亚历山大·尤里耶维奇·卡莱里（1956—）：第73位俄罗斯宇航员，俄罗斯联邦英雄，长期工作在和平号空间站和国际空间站，进行了5次太空飞行，总计769天。

小组训练和乘组人员任命又要两年，飞行直训还要两年。

　　等待自己的第一次飞行是一件十分难挨的事。往往是这样：如果你走运，顺利地飞过了一次，那么你有可能再次被编入乘组：你已经被研究透彻，大家都了解了你，你是个城府不深的人，所以将来轨道上还会有任务找到你。年轻人必须经常向上级证明自己并不差，证明自己适合第一次飞行。经常会发生这样的情况：一个年轻人被分配到乘组中，可后来由于某种原因又被"踢出去"——领导层的计划变了，飞行计划变了，云云。这我也经历过：我被正式任命到乘组，又被正式从乘组中移出。要知道，我是在 2003 年被招募进来的，直到 2013 年才开始飞行。10 年啊！10 年来只有一个信念：证明自己的业务能力。

这是最后的，想必也是最艰难的考验。

进入乘组有什么样的要求？

一切都取决于机缘巧合。"联盟"号飞船上有三个座位，其中一个被外国同事占据着，其余两个是指令长和随航工程师，宇航员培训中心的领导要权衡有多少人竞争该位子。你可能是个很优秀的人，也可能是个独一无二的专家，但是在你前面还有很多排队等待的人——他们被招募来的时间更早，年龄比你更大。

但是，即使你通过了所有考试和考查，所有测试和训练都过关了，排队也轮到了你，你也可能由于各种原因不被招进乘组：有需要长期治疗的创伤或疾病，你无法通过还没来得及学会的新技术的测试，你所准备的任务被取消。比如我前面讲到的，我曾经被列为彻底除名的对象，因为美国人由于"哥伦比亚"号航天飞机的灾难购买了未来几年所有科学家宇航员的席位。类似的情况也发生在那些被招募为第一位记者宇航员的伙伴身上——计划变了，仅此而已，别无选择。如果出现这种情况，就需要审时度势，想想你是否准备好一切从头再来，将太空专业更改为更热门的专业，并寻求第二次机会。

如何确定乘组人员的相容性？

在实践中，没有办法做到。往往是这样，航天机构的代表们聚在一起，说："伊万诺夫将从我们这里飞，彼得罗夫将从我们这里飞，西多罗夫将从我们这里飞。"然后就给这些宇航员发通知，说他们现在已经在同一个乘组了。于是，接下来形成这个小团体内心理氛围的复杂而又有些艰辛的工作就开始了。

　　在第一阶段，我们都单独准备：每个人都有自己的大纲。在飞行前大约一年半的时间里，开始进行应对紧急情况行动的联合培训，正好利用培训的时间就了解认识了。我们相遇在课堂上，在某个地方聊天，然后下课了去某人家里做客，或者去酒吧。意大利人保罗·内斯波利还带我们去听了安德里亚·博切利[20]的音乐会。他说："一位著名的歌剧歌手，我的朋友。"我们就出发了。我们还去了后台，聊了会儿天，认识了他的妻子。美国人很喜欢邀请人到家里做客，俄罗斯人也是如此，所以我们的家庭晚会是必不可少的。

　　相容性需要培养，要考虑到细节，要去了解他人，毕竟你没有办法更换你的乘组成员，你不能去申请，说："请把伊万诺夫弄走，请派彼得罗夫来。"你唯一能说的是："我不能，我不能和他们一起飞行，让我离开这里吧。"但是，对于我们每个人来说，飞行终归是梦想和热爱的事业，所以我们都更好地保持团队的凝聚力。因此，我相信，对我们每个人而言，在乘组中建立尊重、友善的关系，以便使我们在轨道上的协作更加轻松，这是至关重要的。我在这里必须要说一句，非常感谢伙伴们的友谊。

乘组指令长是如何选出的？

　　由于现在只有俄罗斯的"联盟"号飞船在飞行，因此必须任命一名俄罗斯人担任乘组和飞船的指令长。国际空间站的指令长任命实行轮流制：今天是俄罗斯人，下一次探险就轮到美国人，依此类推，不

20　安德里亚·博切利（1958—）：意大利盲人歌唱家，是一位成就非凡的"古典"和"流行"两栖歌唱家。

谢尔盖·梁赞斯基及其乘组人员庆祝在轨道 100 天纪念日

考虑专业水平和身体状况。在我的第二次探险中，我是"联盟号 MS-05"航天飞船的指令长，我的太空飞行经历是 166 天，而我的美国同事伦道夫·布雷兹尼克 [21] 只有十几天"亚特兰蒂斯"号航天飞机飞行的经验，但他成了空间站的指令长，因为该轮到美国人了。不过，国际空间站的指令长只是一个纯粹形式上的职位，不同于"联盟"号航天飞机的指令长，后者的任命主要是依据他在太空的工作经验。

21　伦道夫·詹姆斯·布雷兹尼克（1967—）：美国海军陆战队的一名退休军官，现任美国宇航局宇航员、飞行工程师和国际空间站指令长。

两位太空指令长——谢尔盖·梁赞斯基和伦道夫·布雷兹尼克
（安德烈·谢勒平／宇航员培训中心 摄）

做一名宇航员难吗？

难。但是，宇航员仍然有目标、动机和动力——取得成功，飞向太空，证明自己可以克服一切艰难险阻。是的，这是艰难的学习。是的，这是非常沉重的体力负荷。还有，也许最艰难的是对加入乘组和被安排第一次飞行的期待。

事实上最难的不是我们，而是我们的家人：父母、妻子和孩子。因为当你入队后，未来的飞行成为你所有事务的重中之重、终极目标和事业巅峰。心理舒适度、身体状况、日程安排和出行规划——一切都由培训来决定。直到有一天，妻子问我什么时候去度假，我说："我

谢尔盖·梁赞斯基及其家人

不知道，给巴沙打电话吧。"巴沙是宇航员培训中心的规划人员之一，他们知道我们未来两三年的日程安排，细化到每天、每小时，他们已安排好一切。一方面，这看起来像是轻松愉快的事情——按照时间表生活；另一方面，却很艰难。因为你无法摆脱别人预先设定的时间表，偏左一步、偏右一步都是行不通的，你是一台大型机器上的一个零部件，你无权调整任何课程或培训，因为除了你之外，教官和专家们也参与到了这项工作之中，他们有自己明确的时间表。请想象一下，您的家庭所有成员都必须要使他们的生活与这个延续好几年的时间表步调一致，更何况，没有人去训练他们，也没有人选拔他们——他们不得不屈从于你日常作息的掌控，并无休止地等待，等待，再等待。

做一名宇航员难吗？难。然而，太空家庭中真正的英雄是那些留在地球上的人。

您在飞行前会感觉害怕吗？

是的，会害怕，这也很正常。我再重申一下，恐惧是一种好的感觉。当然啦，有一种破坏性的恐惧，它使你陷入恐慌，变得歇斯底里，而你又无能为力——这是一种糟糕的恐惧。能够激励你的恐惧让你保持警觉，随时准备应对某个情况——这种恐惧伴随着宇航员的每个阶段。关键是要掌控它，这是我们从跳伞训练、生存训练等方面学到的东西。瞬间内一呼一吸——将它摄入你的身体，它就待在那里，让你保持着紧张状态，而你开始行动——精准清晰、沉着冷静、镇定从容，就像你接受的培训，但感觉依然是恐惧。

而且，不同的人恐惧也不尽相同。比如说我，我的主要恐惧是：我花了 10 年的时间来证明我的太空飞行能力，已经到了最后阶段，我担心让那些相信我的人失望——让教会我很多知识的指令长失望，让带我一起训练的教官们失望，让多年来一直帮助我的家人失望。在我的人生中，没有什么比丢脸更可怕的事了。

说到再简单再自然不过的恐惧，那就关系到飞行中你自己无法掌控的那些时候：有人在某个地方组装了火箭——你只管坐在上面，然后它把你腾空举起。当然，我们知道所发生事情的逻辑、技术细节和原理，但正如俗话所说：知识越多烦恼越多，你越深入了解这个系统，你就越清楚它会在哪个环节崩溃。所以我们说，在起飞或着陆时，最好不要去想它，而要专注于飞船设备的运行——这很管用。

当进入外太空时，在某种程度上要更简单一些，这里的一切都由你来掌控。在训练中心有这样一个原则：任何一个宇航员都必须自己打包降落伞，虽然有教官的监督，但要自己动手，并且在出发之前，你要自己检查、测试并武装好你的宇航服。如果你出了差错，那就是你自己的错误。可这并不怎么可怕，因为在直觉上对自己的信任度很高。

有类似于晕船一样的太空疾病吗？

有，这被称为"宇航晕动病"。晕动，就像晕船一样，因为前庭系统无法充分响应所发生的事情，它在每个人身上都有不同的表现：有时会有一种幻觉，仿佛你被吊在天花板上一样；有时会出现恶心甚至呕吐。在"联盟"号飞船上，有一个特殊的急救箱，里面装有抗晕动病的药物，可以帮助你适应。

不幸的是，无法预测谁会以什么方式表现出来。我很幸运，两次飞行都感觉很好。但也发生过一些情况，大家进行了专门训练，但仍然感觉很糟糕。幸运的是，即使在严重的情况下，这种疾病也可以过两天就迅速消失。

宇航员喜欢在游乐园里坐过山车吗？

您可知道，宇航员也是人，他们也喜欢坐过山车。人们通常说，只有孩子们才梦想着成为宇航员，所以说所有宇航员都是大孩子。当我坐过山车的时候，我曾试图将那里发生的过载与训练期间在离心模拟器上感受到的过载进行比较，感觉都差不多。

宇航员每天上班时会做什么呢？

对宇航员来说，每天去上班意味着什么？确实，宇航员在地上的工作是相当奇特的。不间断地学习，进行与飞船和乘组工作相关的训练，对接及应对紧急情况的培训。有一套跟大学生一样的课程表：理论课、实践课、体育课和英语必修课。

很显然，根据宇航员训练的阶段而有所侧重。当你已经被纳入乘组之后，你就开始练习实际飞行中将要进行的操作，培养与同事协作的能力。在你等待加入乘组任命期间，你只须保持技能、拓宽知识面并钻研创新。

此外，飞行归来的宇航员也有特定的工作：他们常常去做专家，参加新队员的考试；当技术设计师和科学家们进行实验设备测试时，与他们进行沟通交流。许多宇航员在飞行指挥中心担任首席操作员，专家们为首席操作员准备文件和各种图表，首席操作员从中起联络作用，与乘组成员进行沟通，并向他们提供补充信息。或者，如果有他们自己处理不了的问题，就交由专家来解答。

宇航员的职业与其他任何一种职业最大的区别是什么？是否工作日也有固定的开始，或者时间表很灵活？那周末呢？

首先，我们不能自行确定自己的工作日程表：它是由专门的人——规划人员来制定的，他们安排好宇航员今天需要学习什么以及需要接受什么样的训练。其次，我们的任何工作总是与学习相关联，与获得或巩固飞行中用到的某些技能相关联。

宇航员的雇佣合同上写着：我们有一个"非常规的工作日"，但另一方面，我们早上 8 点去上班、吃早餐，9 点开始上课，也有午休时间，晚上 6 点以晚餐结束——也就是说，工作像大多数同胞一样，早八晚六。

周末跟大家是一样的。如果你被派去集训、去接受训练、去出差，那就是另一回事了，如果规划人员做出决定，即使是周末也一样把你派出去。

宇航员身份在劳动手册上是怎么写的？您的工龄是多少？

当一名宇航员被招募进队伍时，劳动手册上写的是："宇航员候选人"，也就是说，你还应该证明你是一名宇航员。两年后，当你通过了所有的考试，将出现一个新条目："实验宇航员"或"试飞宇航员"。我的现在写成了："1 级试飞教练宇航员"，我的工龄是 15 年。

宇航员的工作报酬有多高？

宇航员的工作报酬是很体面的，但航天业与金钱无关。投身于航天事业是出于热爱，因为，如果你想的只是钱，我相信，你是没有足够的力量去克服一个宇航员所经受的一切的。这份工作与为它所支付的金钱是不对等的，我敢向您保证，随便一间莫斯科的办公室里一个中层经理的收入都要比这多得多。我很高兴我能很体面地供养我的家人。生意场上有诱人的金钱，而我们有梦想的工作。

第 3 部分

飞行准备与飞往国际空间站

星城的宇航员是怎样生活的？

·

宇航员去空间站都带什么？

·

"联盟"号飞船的结构是怎样的？

·

火箭是如何到达空间站的？需要多长时间？

·

如何进行对接？

星城的宇航员是怎样生活的？

早些时候，星城只是一个军事基地，是一座教官和宇航员军官们服役的军营，只有少数平民被派遣到这里。星城为军人们提供寄宿公寓或永久性住所，平民则乘车往返于莫斯科或科罗廖夫与星城两地。

自 2009 年起，星城成为一个民用"禁区"（ZATO）——一个行政禁区。它是联邦政府资助的尤里·加加林宇航员科研实验培训中心（尤里·加加林宇航员培训中心）的所在地。现如今，宇航员皆为平民，如果有人想加入这支队伍，那他必须得退出现役。

而美国的情况却略有不同：那里的军队至今仍然可以向 NASA 派送宇航员，而且他们基本上是平级调动，仍保留着原来军人的职级待遇。不过，他们也可以选择退役，以文职专家的身份继续工作。

受训期间的宇航员即使在莫斯科有自己的住处，在星城的家属宿舍中也可以获得一套公寓：艰苦的训练结束之后，他们可以回到那里学习一下理论知识，或者得到充分的休息，这样一来，次日早晨就能够以充沛的精力去迎接接下来的挑战。我们的美国同行都拥有

鸟瞰星城（马塞尔·古拜杜林/宇航员培训中心 摄）

自己的房子，而欧洲和日本的宇航员则在疗养酒店内租用房间。

为什么你们不仅在俄罗斯，还在其他国家进行训练？

我提醒一下，"ISS"意思是"国际空间站"，它的建设计划是由合作伙伴来投资实施的。该项目的主要合作伙伴是俄罗斯和美国，其次是欧洲航天局和日本航天局。加拿大航天局也参与其中，但只占有很小的份额，由于加拿大也为国际空间站做了一些贡献，因此，他们的机构一直与该计划的其他参与者保持着不间断的联系。

每个想要成为国际空间站宇航员的候选人都必须要通过合作伙伴国相关环节的培训。当然，你不一定要成为精通的专家，但至少要搞清楚什么东西在什么位置，主要系统如何运行，以及同行们都采取了哪些安全措施，如果空间站突发紧急情况，你能够帮助合作伙伴排除险情。

因此，我们除了在俄罗斯，主要还在美国休斯敦接受培训：我们

研究美国人的设备及其性能，掌握应对突发状况的技能。比如，我们在 ARED（高级抗阻训练装置）动力模拟器上训练，并在国际空间站上也安装了这种装置，它可以帮助宇航员保持健康形体。在该设备上的训练课程，我们每个宇航员至少要通过 10 次测试：每一次训练结束，教官都要评定合格或不合格，并在日志上写下评语，指出你哪里做得不妥，等等。

我们还要飞往日本的筑波市集训三天。日本人在国际空间站上只有两个模块（俄罗斯有五个），所以我们与之合作不多，但是，我们仍然需要通过测试。顺便说一下，现在如果有某个宇航员在空间站工作的经历，那他就不必去筑波市了，他可以通过 Skype[22] 参加考试。

去欧洲航天局培训需要三四天的时间，时间的长短取决于你在飞船上的任务。比如，上一次我不得不去了科隆两次，因为我们当时参加了欧洲人准备的一项实验，其设备是法国人制造的，培训就在科隆的基地进行。

国际空间站上的美国 ARED 动力模拟器

22　Skype 是全球免费的语音沟通软件。

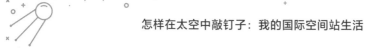

那些在飞行中将使用到加拿大机械臂（Canadarm）的人，当然必须得通过考试才可以操作这种独特的设备。遗憾的是我没有机会接受该培训，没有操作过这个机械臂，但几位同事却很幸运，他们有过与加拿大的合作伙伴并肩工作的经历。

临近飞行前宇航员们做些什么？

在飞行前的两周，乘组人员前往拜科努尔，开始医学隔离。宇航员不允许离开航天发射场第 17 场区的测试训练综合体的保护区，可以接近他们的只有专家、各种培训教官、医生——那些在飞行前需要让乘组人员感到舒适的人。乘组的教练也同行，他同宇航员们一起进行各种体育锻炼。亲属朋友也可以来探望，不过，亲属的数量是有限制的——最多不能超过四人，他们在探访前必须要通过医疗检查，但即使通过了所有的检查，他们也不被允许与宇航员密切接触：只有机会在一个房间里保有距离地度过一个晚上。

起飞前的两周非常重要，因为飞行中最大的困扰是未完成的尘世事务，例如，妻子说，"把圣诞树搬走"，但是你做不到——你已经进入太空。

认真地说，任何一个宇航员都具有领袖品质，否则他将无法克服通往目标道路上的诸多障碍。无论是在家庭中，还是在朋友间，他始终都是一位领袖。由于人们感觉到了这一点，一旦遇到什么困难就会去向他求助：请你帮个忙，请你帮忙解决一下。你在为飞行做准备，但又必须不断地解决别人的难题，因为这是分内的事，是生活的安排。所以，在飞行之前，需要以某种方式安排我们在地球上的各种事务：给妻子签署一份授权书，以便她可以代表你处理一些财务问题，告诉她所有卡的密码和 PIN 码；找个人商定好，让他为你的家人提供日常的帮助，讲清楚他日常工作的细节——"如果水龙头漏水，就给这个人打电话，他会赶过来处理好。如果电子设备出现问题，就打电话叫这个人。"你是在安排家人的生活，因为当一家之主将启程去做冒险的飞行时，这个家是最脆弱的——压在最亲近的人身上的不仅是日常生活的重担，而且还有所有可想而知的担忧。在接下来的两周里，你需要弄清楚你在地球上还有哪些事情要做完，你需要带什么去飞行：哪些电话号码，哪些文件，等等，一切都需要用心去计划。

为什么需要隔离？

隔离是为了避免意外地将某种传染病带到空间站。例如，如果流感开始流行，就要加强隔离，为此，不仅宇航员要待在隔离区域内，而且还要隔离经常与他们接触的人。

我想说的是，在地球上的这最后两周，除了医学隔离外，还要进行大脑的"隔离"。你通过了所有考试，正式获得了去国际空间站工作的资质，并获得国家委员会的飞行许可，于是就有时间冷静地思考一下一切将如何进行，在脑海中模拟一下飞行：我走进飞船，这时我做什么？什么东西在什么地方？谁坐在那里？谁负责什么？如果出现"异常"，我们该怎么办？随航工程师，你还记得你在做什么吗？很好……我飞到了空间站。接下来做什么？我会很累，在那时工作时间将超过 22 个小时，我的眼皮开始打架，但我该怎么做——第一步，第二步，第三步？第一步我烂熟于心，第二步——或多或少吧，第三步——有问题了。教官，请提示我一下！……你就这样坐在那里，想象着这个过程——一个步骤接着一个步骤。

谢尔盖·梁赞斯基在乘组人员进行飞行前考试期间在宇航
员培训中心（安德烈·谢勒平/宇航员培训中心　摄）

有时暂停一下，停下来思考下面的步骤，这一点非常重要。除其他原因外，这会增强你的信心，相信一切都会顺利。而且，老实说，起飞后，来自地球的伙伴们发来消息，他们说：你的同事们静息心率超过了120，可你的连80都未超过。我的回答是：是的，我知道一切都会顺利，我用两周时间调整好了。

在起飞前，还需要确定一下乘组人员内部的协作方案。从一开始你就应该明白你摊上了一支什么样的团队，你自己做什么，你又能指派别人做什么。指令长的脑子里应该有一个明确的行动计划，并且清楚地知道谁身上有多少能量，负负应该总是得正。"随航工程师，你要保护好我，这个，这个还有这个，请替我检查检查，我万一出错呢。

我提前说声抱歉，我会留意的，这个，这个，还有这个——你也许就是在这里出错了呢。"

　　协作方案必须要考虑到每个人的优点和缺点。例如，我是个"急性子"，总是迅速做出反应并快速做出决定，别人话还没说完，我就已经给出了答案。而我的随航工程师伦道夫·布雷兹尼克是一个非常严谨认真的人，总是要思考、斟酌很久。你一定会认为我们之间的冲突和冒犯应该始终不断，但实际上我们的相处十分轻松融洽，因为我们做到了彼此互补。他对每一件事都一丝不苟，为急性子的我保驾护航。一旦他开始跟不上，速度慢下来，他就会举棋不定——其中包括美国人有服从命令的传统这一因素。这时候，我天生的急脾气就开始

谢尔盖·梁赞斯基的乘组人员对工作计划感到惊讶

（保罗·内斯波利　摄）

谢尔盖·梁赞斯基与伦道夫·布雷兹尼克在坐落于拜科努尔国际机场的设计师米哈伊尔·梁赞斯基的纪念碑前（安德烈·谢勒平/宇航员培训中心　摄）

发挥作用："这样，你尽快把这条命令发出去，现在先发这个，过一会儿停下来再细想。"我会立即做出反应，但可能会忽略一些东西，然后随航工程师再纠正我："你发这条命令了吗？这条发出去了？这个呢？忘了吗？"

总之，可以说，两周的隔离时间有助于乘组人员处理好地球上的事务，并在既发挥各自的优点又考虑到彼此缺点的前提下，开启太空合作。

在隔离期间是否允许亲属探望宇航员？

是的，这是一件非常惬意的事。我的父母、妻子和妹妹都来探望过我。在准备第二次飞行时，我的中学同学、大学同学们来了，一大群俄罗斯学生运动组织的孩子也来了。

遗憾的是，隔离的要求非常严格，所以同大多数客人的交流只能隔着玻璃进行。例如，我的中学同学和大学同学来看我，正是夏天，天气很热，我给他们搬出去一箱香槟酒，他们斟满香槟，我们就隔着玻璃碰杯，我似乎见到了他们，但却不能拥抱他们。

起航前的一天是怎么度过的？

在最后一天，你就全神贯注地去想即将在轨道上的工作。当然，还有紧张，万一有什么没有考虑到而忘记了呢？所以你就去找医生，说："医生，有没有什么药片？"他递给你小剂量的安眠药，于是，醒来后的你精神抖擞。

你在飞行前 8~10 小时内醒来，马上去"践行"准备起飞的硬性时间表。先是走医疗程序，然后用酒精擦拭整个身体，穿上内衣，再穿上西装，检查身体，等等。与领导们共饮香槟——好啦，伙计们，去飞吧。

传统是必须要遵守的，并且也被列入工作时间表中，细化到几分钟。"您在这里停下来，笑一笑，给您拍张照。""在这里，您在据称曾经住过的酒店房间门上签个名。""您在这里停下。"等待着，音乐响起："梦中我们听不到发射场的轰鸣。"[23]"您在这里挥挥手，到这里挥挥手。"坐上大客车，大客车启动了。我们到达安装实验大楼，换上航天服，与玻璃幕后的亲属、领导们交谈，然后等待。等了一会儿，参加完国家委员会的报告会，又坐上大客车出发了。我们停在一块小洼地上，走下车，呼吸一下新鲜空气，又回到车上，继续前行。来到火箭近前，下了车，还要报告一下："准备飞行！"我们爬上塔梯，报告完毕，挥了下手，走向电梯。我们乘电梯来到飞船前，每个人按顺序钻进去。在这个时候，紧张感已经降到了最低，因为一切都安排得如此详细具体，你不需要思考和担心——一切都早已为你考虑得很周全，甚至试图逃

23　《屋旁的青草》中的歌词，1983 年苏联金曲。

跑也是不可能的：既然你已经同意飞行了——那就飞吧。

"联盟号 MS-05" 航天飞船乘组的主要和后备人员在莫斯科克里姆林宫墙边留念，左起：保罗·内斯波利、伦道夫·布雷兹尼克、谢尔盖·梁赞斯基、亚历山大·米苏尔金[25]、马克·范德·海[26]、金井宣茂[27]（安德烈·谢勒平／宇航员培训中心 摄）

当然，发射前的流程也已安排妥当：运载火箭已经加注完毕，所有发射前的服务均已准备就绪。你必须不迟于某个时间进入火箭，不迟于某个时间检查完舱口是否密封，不迟于某个时间将所有系统都准备就绪。然后休息45分钟——这是预留的时间，以防先前的时间安排出现意外，比如汽车爆胎或其他意外。我们在45分钟的时间里聊聊天或听听音乐，为了让我们能在发射前听一听音乐，专门为我们收集了我们喜欢的乐曲。每个人都有自己喜欢的曲目，就拿我来说吧，我是听着"电影院""爱丽丝""滴

24　亚历山大·亚历山德罗维奇·米苏尔金（1977—）：俄罗斯著名的试飞宇航员，一等教官飞行员，曾两次完成轨道飞行，截至2018年，在轨道上度过的总时间超过334天11小时，在外层空间停留的总时间为28小时13分钟。

25　马克·范德·海（1966—）：美国宇航员，美国第341位宇航员和世界第554位宇航员。

26　金井宣茂（1976—）：日本宇航员，2017年12月27日乘坐俄罗斯"联盟"号宇宙飞船进行首次太空之行。

滴涕"[27] 等摇滚乐队的音乐长大的。你把喜欢的歌曲存到 U 盘上，把它交给地勤人员，然后他们随机播放。这样你就坐在飞船上，为了不感觉无聊，为了脑子不胡思乱想，你就听你自己和同事喜欢的歌曲。

"联盟号 MS-05" 的主要乘组人员在起飞前与送行者告别

当然啦，发射也可能会推迟或完全取消——这种情况也有，不过很少。但我们也要接受这方面的培训，如果发射被取消，乘组人员会分步骤地接到指令。

也可能会有更换乘组人员的情况。在起飞前的最后阶段，替补队员时时陪伴在我们左右。许多人认为，替补队员可以随时替换宇航员，其实并非如此。我们甚至开玩笑说：替补队员应该假装有点痴有点醉，这样就没有人会怀疑他们要飞向太空的野心了。如果乘组人员出了什么事，替补队员将在两天之内飞行——在"备用"窗口期。直到我们起飞的时刻，他们还没有完成所有必要的操作和程序，需要为他们准备航天服，更换飞船上的载荷，等等。因此，按照正常的流程，在起飞前一天，国家委员会召开会议，替补队员的工作也就此结束，国家委员会宣布：乘组人

27　"电影院""爱丽丝""滴滴涕"——20 世纪 80 年代最受欢迎的三支苏联摇滚乐队。

员准备飞行，替补队员留在地球。

起航前您吃什么？

每个人想吃什么就吃什么。当然，专家们会给出一些建议，比如："伙计，最好避免油腻的食物。"但总的来说，没有什么严格的限制，所以，我们都吃自己最喜欢的东西。记得在第一次飞行之前，我心情比较激动，食欲有点马马虎虎，但是在第二次飞行之前就没有任何问题了。

飞行前有什么传统吗？

　　许多航天的传统已经延续了几十年，现在很难回忆起它从何而来。我们在去拜科努尔之前就开始遵循它们了，在出发当天，我们聚集在宇航员培训中心共进自助香槟早宴，到来的有退役老兵和同事要说几句临别的话、祝大家好运。之后所有人都向列宁纪念碑走去，几辆大客车等候在那里。我们在那儿与家人合影，并接受简短的采访，一切都情谊浓浓。

　　你要飞往拜科努尔，到达后飞船的总设计师一定会去迎接乘组人员，你向他报告：你已经做好了工作的准备。接下来开始起飞前的准备，除其他事情外，要两次"试驾"飞船。"联盟"号立在发射架上，你向它走去，你必须要熟悉一遍项目清单，检查一下飞船，包括生活舱、着陆器。生活舱里有什么？比如水龙头，它是否正常？转动起来如何？你需要扭一扭它，万一它卡住了呢？你说："伙计们，水龙头上有个毛刺儿，请把它磨掉，可别把我们给划伤了。"你是在自己的飞船上，你是它的主人，所以就得由你来挑毛病。

　　在起飞前的三四天，还处于隔离期，我们到别人家里举办家庭晚会。这个家庭的亲朋好友欢聚一堂，大摆筵席：有烤肉串、手抓饭和其他冷食。哈萨克族是非常热情友善的民族，他们很擅长厨艺，所以晚餐十分丰盛。但是，最重要的当然是交流——一个温暖而幸福的夜晚，在这个晚上你有机会在飞行前与一家人进行正常的交流，给一家人以某种鼓励，开开玩笑，讨论一些事情。拜科努尔的天气通常很好，所以我两次都在户外组织了家庭晚会。

按照传统宇宙飞船的乘组成员在飞往拜科努尔前参观红场

　　观看电影《沙漠白日》已经成为富有传奇色彩的传统。这部影片于 1970 年被搬上银幕，弗拉基米尔·亚历山德罗维奇·沙塔洛夫[28]率领的"联盟 -10"号乘组人员在起飞前最先观看了它。继他们之后飞行的"联盟 -11"号飞船的宇航员没有看过《沙漠白日》，如您所

28　弗拉基米尔·亚历山德罗维奇·沙塔洛夫（1927—）：执行"联盟 -4""联盟 -8"和"联盟 -10"三次太空飞行任务的宇航员。

知，他们在返回地球时遇难身亡。后来就有人建议在"联盟－12"号飞行之前看一看这部电影——结果一切都很顺利，由此便形成了传统并固定下来。当然，我们看了几十遍，几乎都能背下来了。关于这部电影有一个最流行的笑话，说的是宇航员们相互检验对方对电影的了解程度：苏霍夫的猫叫什么名字？您记得电影里的猫吗？其实电影中没有猫，叫的只不过是苏霍夫的绰号。而我们知道苏霍夫的猫叫什么名字……他叫瓦西卡 [29]！令我十分赞赏的是，最近观看《沙漠白日》也成了家庭晚会：亲友们被邀请来，你摆上一瓶红酒、一盘水果，便与亲人一起欣赏电影，同时还能与他们交谈，要知道，在看电影这一传统仪式过去之后，你只能隔着玻璃看到家人了。

最新的传统之一是为火箭和乘组人员祈福。我与宗教的关系很难调和，有一次我甚至与一位神父就哲学问题进行了激烈的讨论，当然，我们没有达成共识。但是，他突然走到我面前，拥抱我说："我的孩子，干您这个职业的人不要拒绝任何帮助。"这也许是对的。直到现在，拜科努尔的神父还来为火箭祈福，在征得同意的情况下，还会为乘员祈福。顺便说一句，没有为我做过，因为我的两次太空飞行，乘组人员都拒绝了。在第一次飞行时，我们的指令长奥列格·科托夫把大家召集到一起，说："伙计们，你们怎么看待这个仪式？我不太喜欢这个传统——拿着一把带水的小扫帚冲着我挥来舞去的，太不舒服啦。"我们都很支持他。第二次飞行时，我已经把大家召集起来，但他们也拒绝了。不过，从另一方面来说，在我的乘组人员中，三个人有不同的信仰：美国人是浸信会教徒，意大利人是天主教徒，而我认为，信仰是内心里的东西，不需要展露出来。

接下来，正如我前面讲到的，就进入了发射前一天的传统模式：

29　"瓦西卡"是俄罗斯人通常给一些家畜起的名字，在为猫命名时多指公猫。

在发射前 10 天第一次"试驾"结束之后的"联盟号 MS-05"乘组
（安德烈·谢勒平 / 宇航员培训中心　摄）

在酒店房间门上签名、听"地球人"摇滚乐队 [30] 的热演、合影留念。
在去往安装实验大楼的路上，在客车上通常播放妻子们制作的短片，
她们自然会吸引朋友、亲属和一些熟人同来助阵。当你自己不认识的

30　"地球人"摇滚乐队：俄罗斯摇滚乐队，演出的歌曲中最著名和最受欢迎的是《屋旁的青草》。

人祝你飞行愉快时，那种愉悦的心情实在难以言表。例如，我的妻子与"我们的电台"[31] 的全体人员一起准备了流行音乐人的致辞，他们在我准备出发飞行时向我表示祝贺，我还清晰地记得，其中有"事故"[32] 和"BrainStorm"（头脑风暴）乐队[33]。来自"C 旅"[34] 的谢尔盖·格兰宁[35] 直接在音乐会上向我祝贺，并在表演大厅里打开手机，现场有数千人，大家齐声喊道："谢尔盖，加油！"真是感人至深，你能体会到你是被需要的，你是被欣赏的。

　　然后，你穿上宇航服，检查一下密封性，并隔着玻璃墙与亲属、朋友和前来为乘组人员送行的领导进行交谈。还有另一个传统——在前往火箭发射场的路上，几辆客车在当年尤里·加加林决定下车待一会儿的小洼地停了下来，让宇航员们举行一个简单的仪式。然而，在我的记忆中，很少有人利用这个机会像加加林一样行事。就我个人而言，我向教练要了一支烟。请想象一下：夜晚，一枚灯光闪耀下的火箭，一个宇航员站在那里抽烟，这对我来说真的很酷。第二次，我马上说：给我支烟，我在停车的时候抽——我开启了自己的一个传统。

　　在最后我们还想出了另一种仪式，当你登火箭时，在你抬脚迈上最底部台阶的那一刻，总设计师会踢你一脚，而且要足够用力——当作对飞行的祝福，这个传统从何而来，我不知道。

　　不过，到此游戏就结束了，因为该进入飞船工作了。当然，就在你落座、系安全带的时候，发射台的伙伴们拿着一些照片走过来——请签个名。但是，你已经全身心投入到工作中。你环顾四周：我这里

31　"我们的电台"：俄罗斯音乐广播电台，主要以所谓的苏联解体后俄罗斯九十年代摇滚形式播放音乐。
32　"事故"：俄罗斯爵士摇滚乐队。
33　BrainStorm 乐队：拉脱维亚的一支摇滚乐队。
34　"C 旅"：俄罗斯摇滚乐队。
35　谢尔盖·格兰宁（1961—）：俄罗斯音乐家、诗人、作曲家和歌手，乐队的主唱、吉他手，是"耳环""准将"和"格列佛"乐队的创始人，"C 旅"和"稀有鸟类"乐队的成员。

轨道站上的"斯巴达克"队旗

有这个吗？很好。这个正常吧？完美。伙计们，你们准备好了吗？准备好了。太棒啦！起航⋯⋯

宇航员去空间站都带什么？

可以携带的重量不超过一公斤，容量不超过一升——所谓的个人载荷。此外，你的家人可以通过"进步"号货运飞船寄给你重量与这差不多的包裹，当然啦，他们通常会寄各种各样的零食——坚果、干果、巧克力、糖果之类。

宇航员通常会带些什么呢？纪念品和有纪念意义的东西。例如，在我第一次飞行时，我想了很久该从太空给我的朋友们带什么样的纪念品回来，最终，我带上了朋友们的照片，以地球为背景把它们拍下来，并写下赠言："朋友们！我非常感激你们，在我准备期间，在我等待第一次飞行的 10 年里，是你们给予了我支持。我想说的是，你们与我同在太空。"于是就有了这样一份礼物——一张带有空间站印戳的照片和一张以地球为背景的照中照。几乎我所有的个人物品都是这样的纪念品：我的母校莫斯科大学的校旗，"斯巴达克"的队旗（因为我是莫斯科"斯巴达克"俱乐部的粉丝），等等。

当然，对载荷的性质是有限制的，不能携带任何易散、易碎、易破物品，因为在失重状态下，碎屑会进入眼睛或肺部，例如，不允许带一包砂糖，但棒棒糖是允许的。

谢尔盖·梁赞斯基："猴子占领了国际空间站：祝大家愚人节快乐！祝大家笑口常开！"

　　有时候，乘组的心理辅导小组会给我们寄来各种具有异国情调的东西，让我们开心振作起来，或者纪念一些难忘的日子。在新年到来之际，还给我们寄了兔耳朵或雪姑娘服装。在第二次飞行中，寄到飞船上的还有蜘蛛侠服装和小黄人服装，此外，还有毛茸茸的猴子服装，我用它搞了个愚人节恶作剧，在 Instagram 照片墙上发表了说说：猴子占领了国际空间站，逗得大家十分开心。

　　总的来说，空间站上有足够的东西可以让我们想起地球，让我们特殊的生活更加正常：两把吉他、一架电子琴、一只足球、一只篮球、一个大号的充气地球仪。这听起来很幼稚，但对宇航员来说，这任何

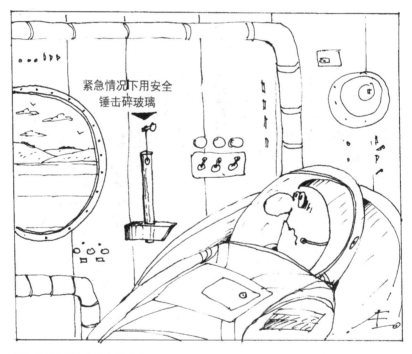

紧急情况下用安全锤击碎玻璃

一样东西都很珍贵，因为你将在这里生活，将在这里工作，这已经是你的全部。

起飞过程中可能发生哪些紧急情况？对此要接受什么样的培训？

紧急情况下采取的行动要在分组培训中进行演练，此外，还要在持续数小时的国家考试中回答与其相关的一些问题。

发射时会发生什么？可能会像 1983 年 9 月的"联盟号 T-10"飞船那样，在发射时火箭着火；可能会像 1975 年 4 月飞行的"联盟-18"号载人飞船那样，在进入轨道时某一级失灵；可能会像 2018 年 10 月的"联盟号 MS-10"发射时那样，"侧体"无法实现分离。在这些阶段，宇航员什么也做不了——我们无法控制火箭，我们只能依靠紧急救援系统，幸运的是，到目前为止，该系统已经及时启动且万无一失。所以，我们接受训练不是为处理紧急情况，而是要了解可能会发生的情况，它会是什么样的表现形式以及我们将感觉到什么。在发射阶段发生事故时，飞船会出现严重的过载，然后降落在人烟稀少的地方。我们应立即设法联系，描述设备情况和我们的状况，随后等待搜救队，如果他们离我们很远，我们就开始施展我们的生存技能，但令宇航员们感到幸运的是，他们很少能应用上这些技能。

发射台的结构是怎样的？

"联盟"号火箭的发射设施是一个精心设计的庞大建筑，它还是在谢尔盖·帕夫洛维奇·科罗廖夫的领导下为"R-7 洲际导弹"建造的。该导弹经过多次改进，先是变成了"东方"号运载火箭，后来变成了"上

拜科努尔航天发射场的"加加林"发射台
（安德烈·谢勒平/宇航员培训中心 摄）

升"号火箭，再后来变成了"联盟"号。在拜科努尔航天发射场的一
号发射台有一个发射设施，它被称为"加加林发射台"，因为尤里·加
加林的"东方"号飞船就是从这里起飞的。

载有飞船的运载火箭被专用铁路运送到发射场，运输安装设备的液压起重机将其抬升起来并悬置于带有自锁夹持装置的四个支撑桅柱上。火箭垂直悬挂到倾斜的反射盘上方，然后将维修桁架、电缆和加油塔装配好，开始加注煤油和液态氧。同时要检查火箭和飞船的各个系统，指挥中心在掩体内对其进行控制。该发射综合体的其他设施包括压缩机站、柴油发电站和储水库。一个用于维修火箭下部的可伸缩操纵室，在发射期间就隐藏在特殊的壁龛中。在发射之前，桁架和维护桅杆被撤掉，当发动机的推力超过火箭的重量时，火箭就会上升，支撑桅柱由于配重而向外分开。

　　看起来似乎一切都很简单，但实际上，这个发射综合体集中了数千个复杂的高科技系统，这些系统需要专家经常维修保养，只有在这种情况下，它才会像时钟一样运行。

"联盟"号飞船的结构是怎样的？

　　"联盟"号飞船由三个舱体组成，从上往下看，它们是这样排列的：最上面是生活舱；它下面是返回舱，是飞船进入太空和返回时宇航员所乘坐的舱体；再往下是设备舱。

　　在把"联盟"号飞船安装到火箭上时，用头部整流罩将它覆盖了起来。在头部整流罩上，有一个特别高的急救系统逃逸塔，它带有固体燃料分离发动机。该救援系统逃逸塔的作用在于：在发射或刚刚开始飞行时火箭发生事故的情况下，将飞船与运载火箭分离，并将其带到很远的地方。发射两分钟后，逃逸塔和整流罩就会脱落；如果之后发生事故，整艘飞船将与火箭分离，然后沿着弹道轨迹穿过大气层，在飞行中分解成多个舱室，返回舱将打开降落伞并正常着陆。

飞行中的"联盟号 MS-04"航天飞船

　　各个舱体是什么样的？返回舱的形状像一辆古董车的前灯，里面有三只乘员座椅以及控制飞船所需的所有设备，还有电视、无线电通信系统和蓄电池，有两个舷窗可以让我们看到外面发生的事情。此外，这个舱里储存有应急物资，以防紧急降落在偏远地区时救援人员无法立即到达。宇航员在进入大气层时可以控制返回舱的运行——为此，舱里配备了能够保持正确方向的液体燃料发动机。着陆时使用降落伞和固体燃料软着陆发动机，在着陆前最后一秒将其启动。

　　球形的生活舱是密闭结构，它在轨道上运行期间始终是飞船的一部分，在进入大气层前被抛掉，在其上部有一个与国际空间站对接的节点舱，里面有一个从飞船通向空间站的贯通舱口。生活舱可以作为进入外太空的闸门室，它有一个特殊的舱口，在它与火箭合体在发射

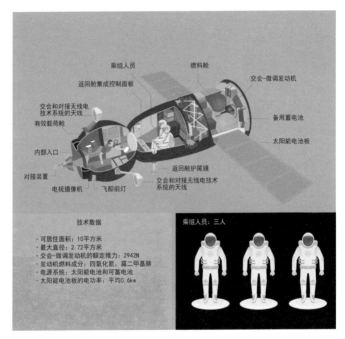

"联盟号 -MS" 航天飞船的构造

台上等待发射时，我们就是通过它进入飞船的。也就是说，我们在发射前仍在地球上时就进入了飞船的生活舱，而必要时我们可以从那里进入太空。在对接装置旁边有一个球面观察窗，可供手动对接时使用。舱外装有雷达系统天线，帮助接近空间站或其他航天飞船。此外，生活舱内还安装了生命保障系统、控制台和卫生设备。

　　仪表设备舱通过开放的桁架结构从下方连接到返回舱，这里有用于分隔各个舱体的装置、无线电天线、用于在发射前连接地面设备的连接器以及为我们提供氧气的气瓶。仪表设备舱的顶部看起来像一面大鼓，是充满了惰性气体的密闭结构，设计人员在里面放置了带无线

"联盟号 MS-05" 飞船与国际空间站实现对接

电设备、遥测系统、电池和电源的机架以及控制热调节和飞船在空间运行、定位的模块。在仪表设备舱底部的非密封部分有一个动力单元，里面有燃料罐、火箭定向发动机、交会－微调发动机以及通过辐射将余热传到外层空间的散热器。此外，在仪表设备舱上安装有太阳能电池板，折叠在头部整流罩下面，只在进入轨道后展开。

众所周知，"联盟"号被公认为是航天史上最可靠和最安全的飞船，并且它还在不断地升级。我飞过该系列的"联盟号-TMA"和"联盟号-MS"飞船，就拿"联盟号-TMA"来说吧，它上面出现了新式的加长座椅，确保了驾驶舱可以容纳任何身高的宇航员。并且座椅本身还配备嵌入元件，可以把座椅调整到适合每一个宇航员，这样他就可以搭乘其他任何一艘飞船回家，而不仅仅是搭乘将他送往空间站的那艘。"联盟号-MS"的现代化程度更高：更换了太阳能电池板，重新设置了对接系统，更新了无线电设备和计算机技术，安装了辅助的防陨石保护系统，等等——这是当今最现代化的飞船，而且它与 20 世纪 60 年代设计的 "联盟" 号有着十分显著的不同。

我认为，这些 "联盟" 号还将为我们服务很长时间，也许有朝一日会迎来改进升级，可以绕月飞行。

"联盟" 号上的三位宇航员居住条件如何？

他们的居住条件很糟糕。实际上，返回舱里非常拥挤，你坐在那里，膝盖就靠近耳朵了。我的身高是 177 厘米，我感觉相对不错，可是保罗·内斯波利已经超过 190 厘米了。确实，当他蜷缩起身子时，我能感觉到他有多难受。然而，当年轻的宇航员告诉他们的教官这样的姿

谢尔盖·梁赞斯基的第二乘组人员在 "联盟 MS-05" 号飞船的返回舱中

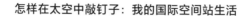

势不舒服、应该改造一下时，得到的回答是：伙计们，这不是为了舒适，而是为了安全；选择这样的姿势能够保障你在过大载荷条件下生存，这一点，实在抱歉，比舒适要重要得多。

要想在这么拥挤的地方正常工作，必须要提前做好准备。当我们考虑把什么放在哪里时，这事要在"试驾"飞船时做。在第一次"试驾"时，你通常要表达自己的意愿，在第二次"试驾"时，你会看是否一切都安排妥当，是否需要把一些负载换换地方。

庆幸的是，3 名宇航员肘挨着肘蜷缩着身子坐在一起的阶段最多持续 8 个小时。此外，在交会－微调发动机的脉冲之间有 40 分钟的时间，乘组人员被允许进行"卫生"暂歇。在这段时间里，你可以离开座椅，钻到生活舱里，那里储备着食物和果汁，还有卫生间。不瞒您说，对卫生间的需求要比对食物和果汁的需求更多。

当轨道变更的下一次脉冲时刻到来时，每个人都必须返回自己的座位上，摆出正确的姿势，系好安全带，以免干扰到飞船重心，之后可能还会有一次"卫生"暂歇。

"联盟"号上乘组成员的座位是按什么原则分配的？团队的每个成员负责什么？

坐在中间的是乘组的指令长——通常是军事飞行员或经验丰富的随航工程师，而且之前要飞过太空；左边的座椅坐的是接受过工程教育的宇航员；右边的座椅是为研究人员准备的，也就是说，无论谁占据了它，他似乎就成了有效的载荷——他在飞船上什么都不做，只在到达空间站后才开始工作。就我而言，情况是这样的，尽管我是以科学家的身份进入航天领域的，但我却无法坐上右边的座椅。第一次飞

112

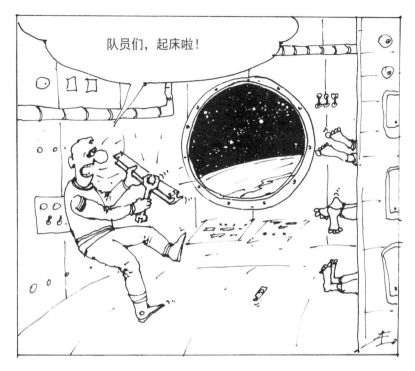

行，我坐在左边；而第二次飞行，我作为飞船和乘组的指令长坐在了中间。结果，我成了史上第一位没有接受过工程学教育的随航工程师，并且成为第一位当上指令长的科学家。

　　当然，实际上每个人都在工作。右边座位上的宇航员负责计时，并帮助提示："伙计们，我提醒一下，离脉冲还有 15 分钟。"工作量非常大的同事可以利用这一刻小憩一下，而右边的人就像是在监督他们，或者专职监督乘组的行动，他在飞船文件上指指点点："伙计们，我没看到，你们把这个命令发出去了吗？发了？好，好极了。"也就是说，他的身份是一名辅助督察员，保障着乘组不犯错误。

还有一点，例如，发生了紧急情况，我一边继续按照指令进行操作，一边请求右边座位的人："保罗，请打开无线电系统的文件。"他打开了，我开始查看我们如何才能遏制异常情况的发展，最重要的是让这个人在乘组中找到自己的定位，并且让整个乘组为每个人找到自己的"责任区"，乘组中没有无用之人。

起飞时是怎样一种情形？

起飞时的感觉可以被比作乘坐一台巨型电梯，你感觉不到速度，振动也不大，火箭运行得非常平稳。美国人伦道夫·布雷兹尼克在与我同一组乘"联盟号 MS-05"飞行时，他简直被震惊了，他回想起了乘"航天飞机"号起飞时的情景，想起了他坐在上面是如何被震荡了一路，直到进入轨道。

两分钟后，分离出第一级，即两侧箭体；再过三分钟，分离出第二级，即核心舱；接着第三级开始工作。在这个过程中，你甚至感觉不到剧烈的震动，只觉得后背被轻轻拍了一巴掌。

一般来说，与发射不同的是，进入轨道通常让人能够正常承受，并且引起的是积极的反应，因为一切都在动态中进行。当然，除非你专注于这样一个事实：你正坐在一个发出"轰——轰——轰——"声音的超大煤油桶上。整整 528 秒后，你便进入失重状态，并立即产生一种错觉，仿佛你被腿朝上吊着一样，因为重力已经消失，你体内的液体涌向你的头部，一开始很不舒服，不知所措，但你很快就习惯了这一切。

应该说，在起飞时我们不控制火箭，但我们每个阶段都在观察

运载"联盟号 TMA-10M"航天器的"联盟号 -FG"火箭发射
现场（安德烈·谢勒平 / 宇航员培训中心　摄）

各个部分是如何运行的。第一级分离了，第二级分离了，第三级分离了——哪些系统启动了，哪些还没有。用作失重指示器的玩具飞了起来，这意味着我们确实进入轨道了，就此完成了所谓的 коот[36]——感受分离。系统状态正常，开始检查密封性，万一哪里发生泄漏呢。

36　коот 是词组 контакт отделения（感受分离）中两个单词的前两个字母的组合。

比如，舱口没有关严，压力降低——那将意味着我们不得不在入轨后立即返回地球，没有别的办法……当然，这艘飞船及其所有系统都高度可靠，它们都是自动运行的，所以我们应该信赖它们，但是，不对它们加强管护终归还是不行的，因为在太空中任何事情都可能发生。

联络会议刚一开始，我们立即向飞行主管领导报告，"地球，飞行一切顺利，我们密闭性良好，手套已脱下，密封飞行帽已打开，燃料正常，操作杆已探出，已做好对接准备"，等等。已经提前为乘组人员准备好了一组技术参数，此时他们必须要迅速按照这些参数进行报告，以确保万无一失。如果有任何参数"跳出"正常范围，飞行指挥中心就必须做出判断：它对于飞船继续飞行的影响有多大。设备出毛病的情况时有发生：尽管它是钢铁制造的，也通过了测试，但对它来说进入太空是一种极端情况。例如，在我的第一次飞行中，无线电通信出了毛病，它断断续续地没有了信号。又例如，在第二次飞行中，通信也中断了一分钟，后来对接到空间站的"联盟"号飞船的电脑出了毛病：它死机了，再重新启动，所记录的信息丢失，我们不得不对它进行认真检测，此时飞行指挥中心比我们还要着急，因为如果计算机不能工作了，那么我们将不得不手动将飞船移出轨道，这将造成诸多麻烦和巨大过载。然而，最终一切都搞定了，发射相当完美。

起飞时能从舷窗向外看吗？

起飞时，舷窗被火箭的头部整流罩遮挡着，所以什么也看不到。但是，当返回地球时，从左右两侧的座椅处均可以清楚地看到舷窗外发生的一切。指令长坐得比较靠后，除了其他事情外，他主要是观察乘组人员的状况。所以，很遗憾，此刻的景象他什么都看不到。

从"联盟号 MS-05"宇宙飞船上看早晨的地球

　　但我依稀记得自己的第一次飞行。当时，我就坐在舷窗旁，我的脸离它也就 10 厘米，等离子体顺着我眼前的玻璃舷窗滑过。那是早晨，太阳正冉冉升起，洒下第一缕阳光，简直美妙绝伦！蓦然之间，我感觉到自己正坐在一个小小的球体里，这个小球被抛入大气，它飞速下落，周围的空气在它的冲击下燃烧成赤焰，实在是摄人心魄！那一刻永远地印在了我的脑海里。

起飞时"联盟"号内部的温度是多少？

　　一切都取决于外部条件。当准备在冬季发射时，"联盟"号要全暖运行；在夏天——需要冷却处理，并且空调系统常常会瘫痪，无法正常工作，因为拜科努尔的炎热通常是令人难以忍受的，达到 30℃，要知道达标温度可是 16℃ ~ 18℃。

但总的来说，坐在"联盟"号里感觉很舒适。进入轨道后，飞船上的散热器就开始工作，将多余的热量释放到太空中，温度恢复到正常，使环境更适宜于人类。没错，我确实听说过这样的故事，在进入空间站的两天飞行中，乘组人员被冻得很厉害，但是我的两次"联盟"号飞行时间很短，每次都只有 6 个小时，所以我们还来不及感觉到任何的不适。

为什么"联盟"号上有一个毛绒玩具？

失重指示器。它们被带到飞船上是形成已久的传统。据说，在 20 世纪 90 年代初，美国人在轨道上给小学生上课时使用了儿童玩具来演示在没有重力情况下所产生的效果，后来就有人开玩笑地称这种玩具为"失重指示器"，由此便沿袭下来。每个乘组都为自己选择一

谢尔盖·梁赞斯基与国际空间站上的"卫星-1"号微型模型

个玩具，它也成了我们的吉祥物。例如，在我的第一次飞行中，"失重指示器"是一只小黑猫，它的肚子上有 6 个点。与我不同的是，这只猫已经是第三次飞行了，因为奥列格·科托夫以前曾带它飞过太空，这个吉祥物是奥列格指令长的孩子迪玛和勒拉挑选的，所以它就有了自己的名字——迪姆勒。当我作为指令长要出发去轨道时，我的家人也面临着选择。最终我们选定了一个编织的小地精——用于纪念我经常演唱的尤里·库金[37]的歌曲《小地精》。当然，玩具还必须要通过专家的检查和认证：不应刺激皮肤，一旦破损，填充物的细小颗粒不应散落。

　　失重"指示器"要挂在橡皮筋上，当火箭升空时，橡皮筋会在过载的作用下被拉紧。一旦飞船脱离火箭，就会产生失重，于是，玩具就开始猛然飞来飞去——这意味着我们已经进入轨道，应该着手检查飞船、通信等。

　　应该说，带吉祥物玩具进太空在宇航员中已经成为一种时尚。除了乘组的吉祥物外，大家还经常携带个人的"失重指示器"，用于取悦留在地球上的家人。在我的第二次飞行中，一共有 3 个：我的编织小地精、伦道夫的涂成美国国旗颜色的熊和保罗的塑料变形金刚。上级希望我们带上第一颗卫星的微型模型作为吉祥物，因为我们在空间站停留期间恰逢它的纪念日——发射 60 周年，但后来决定把这一荣誉赋予了亚历山大·米苏尔金乘组，他们于 2017 年 9 月乘坐"联盟号 MS-06"抵达。

37　尤里·库金（1932—2011）：俄罗斯诗人，音乐家，吟游诗人，是歌曲《小地精》的词曲作者。

火箭是如何到达空间站的？需要多长时间？

不过不是火箭，而是宇宙飞船。至于到达空间站的时间，这取决于所选择的弹道方案。最初，飞船被发射到海拔约 200 千米的轨道上，而空间站则位于 400 千米以上，它们绕地球的运行速度也不同，因此需要进行一些调整。

"长"模式被认为是经典模式，它需要两天多一点的时间，需要绕轨 34 圈。在前两圈时，宇航员要对自己的"联盟"号进行测试，因为有必要检查一下它是如何"承受"发射的，太阳能板应该打开，对接杆应该伸出，乘组将要检查的结果报告给飞行指挥中心。如果一切良好，则在第 3 圈和第 4 圈进行修正操作，以修正入轨误差，并设置飞船与空间站角速度所需的差值。在这之后，宇航员被允许脱下航天服，进入生活舱休息一下。通常在第 17 圈或第 18 圈进行下一次修正——这可以补偿飞船在大气上层中的制动，这种制动在近地轨道上仍然感觉得到。在第 30 圈时，飞行指挥中心将有关"联盟"号和国际空间站运行的修正数据输送到飞船的计算机中，宇航员重新穿上航天服并检查所有系统。在第 32 圈开始交会调整，发动机做瞬态脉冲，飞船上升到空间站的高度，进入计算好的"瞄准点"。

当飞船与空间站之间的距离减小到 150 ~ 200 千米时，"航向"交会无线电技术系统捕捉到空间站，这时候就可以根据这些数据来计算用于确定新计算的"瞄准点"的所有参数。在 20 千米处"瞄准点"被移到离空间站 750 米，在 8 千米处则为 300 米。当靠近国际空间站时，飞船的速度降低到 9 千米 / 时——比步行快，但比骑自行车慢。"联盟"号绕空间站飞行，并在离对接节点 150 米的相对静止状态下悬停。我们飞到了！

我两次都是以另一种模式飞行的，即所谓的"快"或"短"模式，到达空间站的整个航程用了 6 个小时，或称绕轨道 4 圈。第一次的"快"模式是在 2013 年 3 月乘"联盟号 TMA-08M"的飞行中采用的，它的出现归功于更先进的计算机的使用，它们帮助我们更快速地计算出宇宙物体的弹道，再也不用在近地轨道上停留太久。第一次调整是在第二圈开始时借助发动机来完成的——我们进入中间高度。第二次调整是在第三圈开始时进行的，此后我们就到达了空间站的高度，并立即开始交会。还未等我们喘口气，空间站上的人已经在迎接我们了。不过，当然啦，如果在进入轨道后出现了什么状况，那么在我们解决了问题之后，就会采用经典的两天模式了。

如何进行对接？

现在我们飞到了，如我上面所说，"联盟"号悬停在距空间站的对接节点 100 米处。通常情况下，与国际空间站交会的时间要选择在一切都能够被太阳充分照亮的时刻，这样做是为了在自动对接系统发生故障的情况下，乘组人员可以切换到手动模式并迅速扭转局面。但是，这种情况相当罕见，比如说我吧，我没能有机会展示自己在训练中获得的技能，我对此感到遗憾，尽管我知道我感到遗憾是自私的表现。

对接程序是根据以往多年的经验制定出来的。机械对接系统由两部分组成：一个安装在"联盟"号生活舱的过渡舱盖上，另一个安装在空间站相应的节点上。飞船自身的对接装置配备有一个导引杆，它在飞船沿轨道飞行的第一圈就伸出来。空间站上的机械装置的对接部件看起来像一个带有插座的空心锥体，只要把销钉插入锥体中就行了，而漏斗状的外形将其导入插座。当然，会产生撞击，所以，为了减缓碰撞，飞

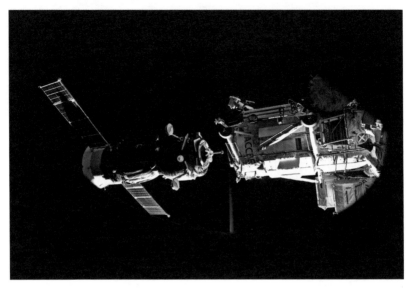

"联盟号 MS-05"航天器正与国际空间站对接
（费奥多尔·尤尔奇欣　摄）

船相对于空间站的速度会降至最低——每秒钟 10 到 35 厘米。在连接杆的末端有一个端帽，上面制有四个卡锁——它们啮合在插座中。

由撞击引起的相互振动停止后，对接杆插入，于是对接系统的两个部分开始交会并贴靠在一起。对接板框上有 8 个锁——它们被锁住，最终将两个船体连接在一起，而橡胶密封圈使空气无法逸出。通过相连的对接装置的两个部分，接通飞船和空间站的电路。

乘组人员要花两个小时的时间来检查密封性，如果一切依然正常，那么就可以打开内舱口并通过入口进入国际空间站。

当飞船离开空间站回家时，整个过程以相反的顺序进行：过渡舱关闭，锁打开，对接杆伸出，将销钉从插座中拔出，用特殊的弹簧推动器将"联盟"号推入空间。

当然，这两件事都是在飞行指挥中心的控制下进行的，但我们也必须要报告我们所看到的情况，并对照飞船上的文件资料。

航天服有哪些种类？它们有什么特别之处？

我们的航天服以鸟类名称命名，这是历史形成的，只有第一件"加加林"的航天服名字很枯燥——叫 SK-1。"联盟"号飞船的现代航天服被称为"隼"号航天服，而用于太空行走的航天服被称为"海鹰"号航天服。

"隼"号航天服足够轻巧、柔软，只有 10 公斤重，"隼"号航天服的用途是在飞船失压的情况下拯救宇航员。在最初的"联盟"号上没有航天服，但在 1971 年 6 月，"联盟 -11"号从"礼炮"空间站返回地球时，乘组人员因返回舱内失压而遇难。这场悲剧发生后，航天团队严格规定所有的宇航员在发射和返回时都必须穿航天服。

"隼"号航天服分为两层——外层织物和内层橡胶，头盔上带有可上下推拉的透明护面罩，脑后部加有软衬垫。航天服要从前面的开口穿上，有两个拉链，腿前部的两个口袋，可用于在轨道上休息时放置手套。

如果您见过宇航员走向飞船的照片——一个个怪异的驼背身影，那么您应该知道：他们之所以驼背不是因为他们感到沉重，而是因为"隼"号航天服不是为行走而制造的，而是让乘员们双腿弯曲舒适地躺在座椅上。您可能还注意到，宇航员走向汽车或火箭时手里拿着手提箱，我在演讲中经常被问到这些手提箱里装的是什么：有人猜测，那里面是一个瓶子和下酒菜；另一些人则认为，那里装的是秘密文件。实际上，这些小箱子里是用电池供电的风扇。

穿着"隼"号航天服的谢尔盖·梁赞斯基及其乘组人员在国际空间站上

　　"隼"号航天服自身不带氧气瓶或通风装置。我们在登上飞船时，可以将航天服连接到飞船上的生命保障系统。但是，在登上"联盟"号之前怎么办？尤其是在拜科努尔的夏季酷热时？如果不能散热，人穿着涂有橡胶的服装能够被煮熟。为避免过热，宇航员就随身携带装有风扇的手提箱。

　　"海鹰"号航天服就大不一样了，你可以穿着它进入开放的空间，所以，它的设计就像一个小型的宇宙飞船，重量为 112 公斤。穿上它你就拥有了一切：坚硬的铝合金胸甲可保持余压；它上面的方形开口，让你不用去穿航天服，而是钻到它的里面去；袖子和裤腿或多或少是灵活的，但里面缝入了铰链，所以当"海鹰"膨胀时，袖子和裤腿弯曲起来是相当困难的。此外，这套航天服有自己的通风系统、自己的氧气供应系统、自己的二氧化碳净化系统——一个锂电池盒，上面包有多层的保护套。

　　头盔也是铝合金制成的，与胸甲连为一体。头盔上有双层的玻璃面窗，带有一个辅助滤光器，把它放下来可以防止阳光刺伤眼睛。头盔顶部还有一个面窗，可让你看到头顶上的情况。头盔上装有两个照明灯，方便宇航员在阴面操作。胸部有一个操控板，它上面的所有按钮都以镜像模式贴着标签，这常常引来人们的疑问。解释很简单：我们只能通过连接到袖子上的小镜子看到操控板，因此标签都反贴着以方便阅读。

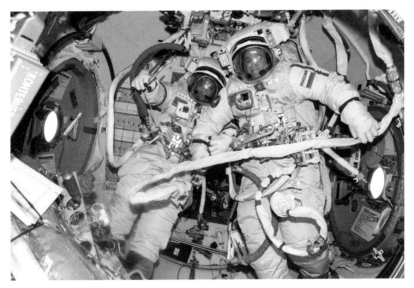

穿着"海鹰"航天服的谢尔盖·梁赞斯基和费奥多尔·尤尔奇欣[38]准备出舱

38　费奥多尔·尼古拉耶维奇·尤尔奇欣（1959—）：俄罗斯宇航员，俄罗斯联邦英雄，参加了 5 次太空飞行，太空飞行总时间为 672 天，共进行了 9 次太空行走。

当然，航天服还配有氧气瓶——主瓶和辅瓶，它们都是钢制的，并固着在玻璃纤维编织护套中。氧气的储存量足以在真空环境中工作7小时，电能来自其自身的电池或通过电源线供给。为了防止意外飘移，宇航员事先备好一根带弹簧钩的保险短绳，把自己绑在空间站外部的栏杆上。

如今，在我穿着进入太空的最新版本"海鹰-MK"航天服中，出现了自动热控制系统。在此之前，它是手动控制的，但是现在电脑本身能监测到内部的温度情况，并在必要时对其进行调节，因为在阳面航天服会急剧升温，而在阴面则会迅速冷下来。在穿上"海鹰"之前，你要在内衣外面穿上一套水冷服，它是由许多有水流动的管子编成，水带走身体的热量，并将其传递到散热器，内部温度通过改变水的流量来调节。此外，计算机能够警觉地监视到你的氧气储备、二氧化碳的水平、压力的升高或降低的程度。

总之，现代航天服是一种独特的技术设备，是由无数杰出的专家创造而成，当然，他们将进一步升级改造"隼"和"海鹰"，使它们变得穿脱更方便、功能更齐全。

第 4 部分

国际空间站上的生活

国际空间站是如何建造的？

空间站的空气来自哪里？

在空间站上如何获取水源？

如何习惯失重？

如何在轨道上睡觉？

如何在失重状态下吃饭？

如何在失重状态下上厕所？

在太空中能把所有东西都修理好吗？

宇航员的作息时间是什么样的？

航天服是由什么组成的？

您害怕过吗？

您遇到过外星人吗？

宇航员用什么写字？

空间站上有互联网吗？它的网速快不快？

宇航员如何与家人交流？

您最喜欢拍摄什么？

在空间站上什么最贵重？

国际空间站运行的高度是多少？

对国际空间站来说正常高度被认为是在 330 ～ 440 千米之间。实际上，它已经在 405 ～ 410 千米的高度运行了多年。当然，让它保持在更高的位置更有益处，因为这里还能感受到大气的影响，特别是当它在太阳活动和太阳耀斑的影响下"膨胀"的时候：空间站在不断减速，如果不调整它的运行，可能会导致无法控制的跌落。但可惜的是，再往上是辐射带，它们对任何生物体都是危险的。此外，随着飞行高度的增加，运输飞船的载重能力也会下降。

可以借助"星辰"服务模块的发动机或者"进步"号货运飞船来对轨道进行校正，高度通常会增加几百米，但该操作需要经常进行。

到国际空间站的距离相当于从哪儿到哪儿？

众所周知，莫斯科与圣彼得堡之间的直线距离是 635 千米，地球与国际空间站之间是 410 千米，离莫斯科这么远的地方有下诺夫哥罗德[39]、沃洛格达[40]、坦波夫[41]，有人就曾这样说："假如车子真的会垂直行驶的话，您可以自己开车上太空。"

2010 年 5 月的国际空间站（NASA 摄）

39　下诺夫哥罗德：俄罗斯伏尔加河流域城市，距离莫斯科 400 千米。
40　沃洛格达：俄罗斯伏尔加河流域城市，在莫斯科偏北 500 千米处。
41　坦波夫：俄罗斯伏尔加河流域城市，位于莫斯科东南 480 千米处。

国际空间站飞行的速度是多少？

以第一宇宙速度。众所周知，这一速度取决于轨道的高度。在地球表面，第一宇宙速度为 7.91 千米 / 秒，在 400 千米的高度上是 7.67 千米 / 秒，很容易计算出，在这个速度下，绕地球一圈将是 92.5 分钟，即大约一个半小时，在一昼夜之内，我们可以从国际空间站看到 16 个日出。

为什么国际空间站不下降？

事实上，它一直都在下降，就像卫星和宇宙飞船一直在下降一样，但由于高圆周速度，它不会掉下来。地球的表面似乎一直在"躲避"国际空间站，如果空间站的速度由于某种原因（比如，由于自然制动）低于第一宇宙速度，那么它将真正开始下降、失去控制并坠落到地球上。

你们如何处理轨道上的垃圾？

太空垃圾大多处于数千千米以外可测量到的其他高度上，在国际空间站的高度上没有太多的垃圾，因为它们的阻力相对较大并能在大气中燃烧。大型物体由地面专门监测站来跟踪，然后飞行指挥中心向乘组人员发出预警，国际空间站实施规避机动——通过解决空间站自身的制动问题，略微提升轨道的高度。

您是否参与过规避机动？

当然，宇航员有机会自行调整空间站的轨道，不过是作为备选方案。假设飞行指挥中心由于某种原因未能及时将机动数据输入系统，就会授权乘组人员执行此操作。不过，在我的记忆中，从未执行过备选方案。

宇航员会受到辐射的影响吗？

当然会。太空中有各种各样的辐射，首先当然是太阳的光线，它们主要由带有各种能量的质子和一定量的 α 粒子（氦原子核）组成，这些质子和粒子在强烈的太阳耀斑中特别危险。令我们感到幸运的是，大耀斑的爆发是罕见的。

原则上说，另一种辐射是银河宇宙射线，除了质子和 α 粒子外，它还包含了门捷列夫元素周期表中几乎所有元素的原子核，主要是碳和铁基团的原子核，所有这些来源不明的粒子都具有很高的能量。太阳射线犹如雨水，它会自行滴落，你可以用织物和金属制成的伞来抵御它；而银河宇宙射线就像子弹，它能穿透任何雨伞，会对你的身体造成伤害。

银河宇宙射线是可以用"肉眼"看到的。你上床睡觉了，闭上眼睛，突然间，你的眼皮下出现了一道明亮的黄色闪光，15 秒后，是明亮的绿色闪光，30 秒后，又变成明亮的红色闪光——这就是银河宇宙射线，重粒子撞击眼睛的视网膜并产生辉光。太阳耀斑爆发时也会增加高能量的质子。在这些时候，乘员们早上最常开的玩笑是："昨晚的迪斯科舞您会喜欢吗？"总的来说，射线确实会影响睡眠，这是无法克服的——

该做的只能是去适应。

　　磁场可以保护地球免受宇宙射线的侵害，但它也将质子束缚在延伸范围为 500 ~ 60000 千米的所谓辐射带（或范艾伦辐射带）中。显然，那里的辐射程度是极高的，所以，空间站和宇宙飞船处于内部辐射带边缘下方的轨道上，之前只有美国人乘坐他们的"阿波罗"号登月飞船穿越过这些地带，但他们进入的是极地轨道，那里的辐射强度最低，而且飞行本身持续的时间也不长。

　　正如我前面所说，强大的太阳耀斑罕见，当辐射带"搅动"，质子风暴就开始了。在这些日子里，通常建议空间站的乘员们在具有最大保障的舱体里工作和休息。这样的耀斑在我的第二次飞行期间发生了——在 2017 年 9 月，国际空间站上没有专门的防辐射掩体，但我们可以躲藏在"星辰"模块的中央位置或"联盟"号飞船的返回舱中。不过，任何可怕的事情都没有发生——我们多"摄入"了一天的辐射剂量，就仿佛我们的飞行时间比计划的长了一昼夜。

　　现在谈一谈辐射剂量。针对它们有不同的计算和测量方式，可能大家都听说过，可以测量辐射剂量的放射率或剂量率、有效剂量或吸收剂量，计算单位有伦琴、拉德、戈瑞和希沃特，这不免让人难以厘清。因此，实际上，通常以拉德为单位测量辐射吸收剂量（Absorbed Radiation Dose）。影响身体的最小辐射吸收剂量是 25 拉德，辐射病从 100 拉德的辐射吸收剂量开始发展，285 拉德被认为是致命的辐射吸收剂量——它致死率是 50%。很显然，一切都取决于接受辐射剂量的时间：如果这些辐射剂量是一次性接受的，那么副作用会特别严重；但如果您是在半年内接受的 100 拉德辐射剂量，则不会造成任何严重后果，除非可能会增加某种患癌风险。在空间站上，在正常辐射条件下，即没有质子风暴，我们通常每天受到的辐射是 0.1 拉德——大约相当于地球上的一个人一年从自然源中接受的一样多。

　　遗憾的是，目前还没有一位专家可以肯定地说在空间站上受到辐射将产生什么样的长期后果，毕竟，小剂量辐射的影响因人而异。到现在为止仍存在着争议：什么辐射剂量被认为是可接受的，辐射对什么有影响，对什么没有影响。根据 NASA 的标准，患癌症的风险不超过 15% 的辐射剂量是可以接受的。但是，如何确定这种风险？我读过一些文章，文中声称国际空间站乘组人员的患癌风险上升了 5%，而另一些文章中则说是上升了 20%，谁说得对呢？

　　一方面，有些宇航员已经飞行了 5 次，但并没有发现他们由于辐射发生了什么重大变化。另一方面，还是在苏联时期就有研究表明，宇宙粒子对胚胎和发育中的细胞有很大的影响。一个正常人由数十亿个细胞组成，我们假设有一个粒子飞过，杀死了一些 DNA 细胞——这并不可怕，还有其他细胞。但是，在胚胎中，每一个 DNA 组织都

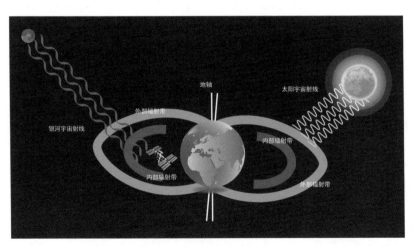

宇宙辐射

是有数的，因为它的完整性决定了未来的生命体。假如粒子刺破了负责左腿发育的 DNA 组织，其结果将是一个生命诞生时就没有左腿。一般来说，如果你已经有孩子，你应该去当宇航员，可在飞行后，最好放弃再要孩子的想法。

空间站从哪里获取能源？

国际空间站唯一的能量来源是太阳能电池板，它直接将阳光转化为电能。美国和俄罗斯舱段各有自己的电力供应系统，尽管也规定了他们之间可以通过电压和电流转换器进行交换。

在美国舱段，可折叠的"太阳能电池板"被组装成"翅膀"。国际空间站的桁架结构上对称地安装有 8 个"翅膀"，每个"翅膀"的总面积为 406 平方米，有效面积为 298 平方米，产生功率为 33 千瓦。第一对"翅膀"于 2000 年 12 月通过航天飞机运送到国际空间站，第二对——在 2006 年 9 月，第三对——在 2007 年 6 月，第四对——在 2009 年 3 月。也就是说，配备齐全的"翅膀"可以产生高达 264 千瓦的功率，但是太阳能电池板在带电粒子的轰击下会逐渐退化，并且功率会随着时间的推移而降低。因此，它们在组装时就配有"余量"——实际上，国际空间站系统和科研设备最多需要 120 千瓦。

美国舱段的"翅膀"能够产生 115~173 伏的恒定电压，然后它再转换成 124 伏。控制系统能够追踪太阳的位置并将"翅膀"旋转以获得最大的能量。由于空间站在一个轨道圈大约一半的时间内处于地球的阴影中，所以在太阳的一侧，"翅膀"不仅给设备提供电能，而且还为镍氢电池充电，当太阳落到地平线上时，就轮到这些电池工作了。电池的寿命约为 6 年，但第一组持续工作了近 9 年。

国际空间站的俄罗斯舱段使用的是 28 伏特恒定电压——与"联盟"号飞船上的电压相同，能量由安装在"曙光"号和"星辰"号模块上的太阳能电池板来"提取"。"曙光"号的两个翼片可以提供 3 千瓦的电能，但它们现在被折叠起来，为的是不干扰美国舱段桁架上的热辐射散热器。"星辰"号的翼片已打开，它们的最大功率是 9.8 千瓦，但这很难实现，因为它们经常处于美国舱段的阴影下。

实际上，如果说在国际空间站建设的早期阶段，是我们的舱段为美国模块提供电力，现在的情况却恰好相反——我们的美国同事在为我们提供电力。

国际空间站的"太阳翼"（NASA 摄）

国际空间站是如何建造的？

　　国际空间站是一个大型建筑，是一项庞大的工程，其建设至今仍在进行中。

　　国际空间站的历史始于 1993 年 12 月，当时俄罗斯、美国及其早期合作伙伴的政府批准了将苏联的"和平 –2"号联合体、美国的"自由"号空间站、欧洲哥伦布计划和日本的"日本实验舱"项目的在建工程合并在一起的计划。

　　国际空间站的第一个组件是俄罗斯的"曙光"号功能货舱，它发射于 1998 年 11 月 20 日。两周后，"奋进"号航天飞机运送带有 6 个对接节点的"团结"号节点舱与其结合，包括我们的谢尔盖·克里

国际空间站的建设初期，1998 年 12 月的"曙光"号功能货舱与"团结"号节点舱
（NASA　摄）

137

卡廖夫在内的航天飞机乘组人员重新启动了空间站。2000年7月，增加了俄罗斯的"星辰"服务舱，11月，第一支远征队开始在上面生活和工作。随后有更多的航天飞机往来飞行，国际空间站不断发展壮大。一架载有7名乘员的航天飞机，一次航行可以运送组装好的空间站模块、货物和补给。因此，国际空间站的发展速度远远超过苏联时期的任何一个轨道站。2001年2月，增加了美国的"命运号"实验舱；7月，增加了"寻求"号通用闸舱；9月，增加了俄罗斯"码头号"对接舱。

　　2003年2月1日，发生了一件悲惨的事件——"哥伦比亚号"航天飞机在从太空返回时机毁人亡。在调查进行期间，保障空间站的重担就落在了我们的飞船上。可当调查结束后，NASA修改了计划，

"哥伦比亚号"航天飞机坠毁前不久的国际空间站，于2002年10月（NASA　摄）

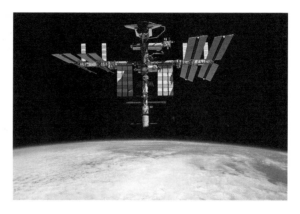

"亚特兰蒂斯"号航天飞机最后一次太空之旅中的国际空间站，于 2011 年 7 月（NASA　摄）

美国人决定在未来放弃航天飞机。但是，没有他们就无法完成空间站的建设，所以合作伙伴们决定，让其余的飞船重新恢复飞行。进入轨道的飞行一直持续到 2011 年 7 月——最后一架进入轨道的航天飞机是"亚特兰蒂斯"号。在这 6 年中，空间站的成长十分显著：它又增添了美国"和谐号"节点舱、欧洲"哥伦布"实验舱、日本"希望"号实验舱、两个俄罗斯小型研究模块"黎明"号和"搜索"号、美国的"宁静"号生活舱、欧洲"穹庐"全景观测舱和意大利"莱昂纳多"号多功能后勤舱。

如今，国际空间站的总重量约为 423 吨，比苏联大型联合体"和平"号重 3 倍多。空间站将运营到 2024 年，俄罗斯航天局计划近期在我们的舱段增加"科学"号模块舱。

为什么各国在国际空间站上合作，而不是建造属于自己的空间站？

一般来说，太空飞行耗资巨大，我们可以建造自己的空间站，但它将会比国际空间站小得多，功能也会更少。实践表明，与其他国家一起合作利益更大。

国际空间站目前的状态，于 2018 年 10 月（NASA 摄）

另外，通过联合开发太空，可以利用别国的储备。美国人擅长大型结构、太阳能电池板和陀螺仪，我们在引擎、生命保障系统和太空厕所方面更胜一筹。在轨道上我们还交换一些资源：电能、食物、科学设备——总之，我们相互帮助。

坦率地说，我敢肯定，如果没有国际合作，即便是我们，今天也无法组建类似于苏联"和平"号的联合体，仅仅依靠自己的力量启动庞大的太空项目终归是举步维艰的。

如何将货物运送到国际空间站？

除了我们带来的以外，所有的货物都是由无人货运飞船运送来的。我们有一辆在"联盟"号的基础上建造的"进步"号货船，目前正在使用的是

国际空间站附近的"进步 MS-01 号"货运飞船（NASA 摄）

地球背景下的"天鹅"号货运飞船（NASA　摄）

最新型"进步 MS 号"，它从 2015 年开始飞行，可以向空间站运送 2.5 吨的货物。

美国人有一艘货运飞船叫作"Cygnus"号，意思是"天鹅"号，它是在 NASA 因"哥伦比亚"号航天飞机失事重新修订太空计划后建造的。"天鹅"号从 2013 年开始飞行，经过改装，它能将 1.5~3.5 吨重的货物运送到空间站。此外，NASA 还使用了"Dragon"号，即"龙"号货运飞船——这是由埃隆·马斯克的美国太空探索技术公司（SpaceX）制造的货运飞船，它从 2012 年起飞往空间站，可运送大约 3 吨的货物。还有欧洲的 ATV（Automated Transfer Vehicle）自动货运飞船和日本的 Kounotori 号（翻译过来就是"白鹳"）——都是大型飞船，它们可以向轨道运送 6~7 吨的货物。

货运飞船经常飞往空间站。例如，在 2018 年，有三艘"进步 MS"号、四艘"龙"号、两艘"天鹅"号和一艘"白鹳"号飞往国际空间站。欧洲货运飞船目前已经停运，其项目

被国际空间站的加拿大机械臂抓着的"龙"号货运飞船（NASA　摄）

正在进行升级改造。

国际空间站内饰都有什么？除了设备，还有什么其他的装饰物品？

在各个模块里，舱壁上覆盖着壁板，壁板上有很多用于固定设备的橡皮筋和紧固件，电脑可以放在舱壁上或天花板上，照相机挂在舱壁上，地板上有用来支撑脚的扶手，还有能够观看和拍摄地球的舷窗，几乎没有不用于工作的平面。

在国际空间站上挂谁的肖像？

在俄罗斯舱段挂着尤里·加加林、谢尔盖·科罗廖夫和康斯坦丁·齐奥尔科夫斯基[42]的肖像，这已经成了传统——在祖国空间站的舱壁上挂的永远是这三幅肖像。在美国舱段挂的是遇难的航天飞机乘组人员的肖像，就仿佛这些人现在已永远属于了太空。

空间站的空气来自哪里？

空气也是用货运飞船运来的。空间站不能说是绝对密封的，泄漏时有发生。与此同时，我们的氧气储备是由"电子-VM"（Electron-VM）制氧系统生成的，它通过简单的电解将水分解成氧气和氢气，氢气被立即释放到太空中，而氧气则进入空间站的大气中。美国人也有一个类似的系统——Oxygen Generator System，即氧气发生器系统，释放

42　康斯坦丁·爱德华多维奇·齐奥尔科夫斯基（1857—1935）：现代宇宙航行学的奠基人，被称为航天之父，是人类航天历史上被永远铭记的三位科学家之一。

的二氧化碳气体被"空气"系统吸收。以备万一,还配备有氧气瓶和化学氧气发生器。有个难题:我们无法回收损失的氮,所以我们不得不把它装在加压的气瓶里用那些"进步"号飞船从地球上运过来。

空间站的空气与地球上的空气有什么不同?

在成分上它不应该有任何不同。不过,地球上的空气与由生命保障系统控制的人造混合物之间终归是有差别的。例如,在正常大气中,压力、湿度和温度在一天之内可能会发生相当大的变化。在我们这里,任何变化都会立即引起恐慌,因为这可能表明某个系统发生了泄漏或故障。

如何处理废弃物?

我们把二氧化碳气体、氢气和其他人类活动排泄物抛入太空,把固体废物、各种垃圾、废旧材料装入提取完有效载荷的"进步"号上,然后装满废弃物的"进步"号脱离空间站并在大气中焚烧销毁。

在空间站上如何获取水源?

水也是用货运飞船运来的,但也有再生的可能,我们使用冷凝水回收系统——CPB-K2M。宇航员要呼吸、说话,这个时候就会蒸发水汽,水汽从空气中被收集起来,过滤成工业用水,然后进入"电子-VM"系统生成氧气或饮用水。美国人还有一套从尿液中再生水的系统,它的工艺相当复杂,因为尿液比蒸汽"肮脏"。把尿液与工业用水混合,煮沸成蒸汽,再将其输送到旋转的蒸馏室中,在那里蒸汽被冷却和冷

宇航员与"电子-VM"电解设备

凝，然后水通过过滤系统就可以饮用了，剩下的盐和其他杂物由离开的飞船带走。

温度调控是如何实现的？

温度调控是一个非常复杂的系统。空间站处于太阳的一侧就变暖，处于地球的阴影中则变冷，而系统则应该保持恒定的舒适温度。另外，宇航员和工作系统也会释放热量，所以在各个舱室中都铺设着管道，温度调控系统内回路的水在管道中循环，把热量从这里传导到装有氨气的外回路中，氨气反过来通过散热器将多余的热量散发到太空中。当空间站处于阴影中时，情况则相反，内回路为它加热。当然，还安装了预定流量的热绝缘装置，用来保持热交换模式的可控性。

空间站的温度是多少？

空间站的温度保持在 24℃ ~ 27℃。然而，当一个人习惯了恒定的温度时，他会强烈地感觉到其间的温差变化。有一次，我来到欧洲舱段工作，我的感觉是：太冷了！就回到我们自己的舱段取了件外套。后来发现，欧洲舱段只不过低 1℃而已！

空间站上的宇航员能听到什么？

在失重状态下不存在对流，就是说没有热空气上升和冷空气下降，所以在空间站上必须要不断将其混合。第一，要保持恒温；第二，要使空气的成分保持均匀，主要是氧气。由于这个原因，国际空间站上有多台噪声很大的电风扇在工作。试比较：飞机起飞时的噪声为 100 ~ 110 分贝；在空间站上，我们生活在 67 ~ 69 分贝环境下。也就是说，我们有一个相当高的噪声水平，这是很难习惯的。因此，宇航员上床睡觉时，经常使用防噪器或具有主动降噪功能的特殊耳机，但都是一样的——我们中的任何一个人在每次飞行后，听觉灵敏性都会下降。

另一方面，这些噪声是空间站上一切正常的标志，如果发生什么状况，系统的第一个自动反应就是关闭通风系统，你不会错过突然出现的静默时刻。

在飞行结束时，您是留意空间站上的噪声还是不再去听它，是您习惯了吗？除了噪声还有别的声音吗？

当然是习惯了。当然，你听不见它，是出于你内心的感觉——它已经成为背景声音。而且，背景噪声中任何细微的偏差都提示你：有问题。例如，某个泵运转的声音开始变大——很有可能是它坏了，必须尽快更换。一位经验丰富的宇航员根据噪声的变化便可以做出技术诊断。

除噪声外没有其他声音，多余的噪声是你自己制造的：打开收音机、音乐或电影。

在您的飞行中有什么东西损坏过吗？您是通过噪声知道的吗？

这种事情经常发生，每台设备都发出不同的噪声。你会对阀门切换、泵阀的开或关做出反应，而且你确切地知道什么是"正常"噪声，什么是"不良"噪声。

如何习惯失重？

众所周知，一个人可以习惯任何事情。有些人在开始阶段会遇到困难，但最终大家都会习惯。不过，还有另一种说法：失重是不可能习惯的，因为它是一种奇妙的状态，是儿时自由飞翔梦想的实现。

一个典型的地球人在近地轨道时会犯哪些错误？

是的，有时我们会不由自主地想把物体放在一个平面上。但很快你就会习惯：你正处于失重状态，你周围的一切都在飞行。你无法把什么东西仅仅是放在桌子上，必须要用皮筋将其拴牢，或者用宽胶带制作一张"带胶的"的桌子。你一定要使自己习惯条理有序。如果你在做一项实验，则需要开辟一块区域，让你可以固定你的设备、试管、注射器等工具。当然啦，起初什么都飞来飞去的，因为你不知道该如何牢牢地控制住它们。

地球人的另一个经常性错误是在移动中急速转身。新来的宇航员为了享受失重飞行的快感便加快速度，可是，当他们需要向左或向右转身时，依旧按照地球上的方式——只简单地做转身动作，结果就侧身飞向了某个设备或墙壁。渐渐地，你会习惯舒缓、轻柔地触碰，略微倾斜地扭转身体。但刚开始的时候，我还是飞得满身瘀青。

在空间站上是否有可能通过制作带磁铁的衣服和鞋子来模拟重力？

那将是一种不一样的引力，而且它当然也不会改变什么：体内血液将以零重力的状态均匀分布，没有固定住的物体依旧会飞起来，一个人会有被绑在平面上的感觉，会失去最主要的东西——行动自由。在所有自由空间都被利用的空间站上工作时，飞翔通常是很方便的事，而带磁铁的鞋子只能用来完成非常特殊的任务。

一个人要多久才能习惯失重？这有多难？

因人而异。有人很快就习惯了，有人却较慢，有人甚至在轨道飞行的前几圈就呕吐。就我而言，我就好像是在失重状态下出生的并且一直生活在其中，在空间站上，我喜欢像一颗螺钉一样飞入舱口，然后再一个动作飞到另一个舱段，因为我从中获得的是无穷的乐趣。

如果脚下没有支撑物，会不会有手足无措感？

你会习惯的。一开始有诸多不适，因为你还不知道该怎样移动。一个突然的动作——你身体就会旋转起来，一个不小心的掉头——就是一块瘀青，但渐渐地就练成了必要的条件反射。

失重对自身感觉和健康有什么影响？

谢尔盖·梁赞斯基在他的第一次轨道飞行中掌握了失重特性

自身感觉很特别。在抵达的最初几天，体内的液体会重新分布，全部都会涌向你的头部。在地球上，血液沉积在下半身；当重力消失时，它会均匀地分布到全身，这会导致面部浮肿。此外，由于颅内压升高，后脑部也会出现明显的疼痛，还会经常有鼻塞现象。当然，这一切都不令人愉快，但却是可以忍受的，可以从飞行的乐趣中得到补偿。

如果人们一直生活在失重状态中，他们会是什么样子？

　　假设我们不打算返回地球，也不锻炼我们的肌肉，其结果是：它们将很快开始萎缩。在零重力下，根本不需要腿，不需要保持仪态的背部肌肉，等等。由于钙的流失，骨质开始变得疏松。另外，失重会导致贫血，血容量减少。总之，如果长时间在太空中停留，你会变得双腿萎缩、手臂绵软，实足一条又长又细的苍白蠕虫！

失重状态下如何在空间站上移动？

　　移动并不困难，但是你要照顾好自己，要小心，因为习惯的生物力学已发生紊乱，没有了重量，但质量和惯性依然和在地球上的一样。试想一下日常的情况，你正沿着街道向前走并且要左转弯：在地球上——你瞬间就转过身子径直向前走去；而在空间站上，你要穿越舱体飞行，该转弯了，但你无法立即停下来——惯性带你继续向前，直到你侧身撞到什么物体。在家里，我们已经习惯了重力与质量的比例关系，并且我们的大脑会对运动做出适当的反应。可在失重状态下情况就不一样了，你不能再依靠已经形成的反射了：如果你想转弯，请先抓住一件东西，停下来，将身体转向想去的方向后移开，然后再继续飞行。

打喷嚏时声带向外喷出的气流速度达到 50 ~ 100 米 / 秒，容速为 12 升 / 秒，那么"打喷嚏"的推力是否足以使人飞到国际空间站的对面舱壁？

这个问题不好回答。当然，这样的实验在空间站是可以做一下的。不过，宇航员都是有教养的人，他们打喷嚏时尽量不用力，而且要用手掌捂住嘴巴。当然啦，他们并没有飞到对面舱段，尽管从理论上讲打喷嚏应该能提供某种动力。

假如您把一只猫带入轨道，它将如何锻炼身体？

所有住在空间站上和准备返回地球的人都需要进行身体锻炼。对于猫来说也是如此，需要给它缝制一件背心，上面带有连接到跑步机上的拉紧装置，让它在上面跑步，这样它的肌肉就不会萎缩了。

您想过在国际空间站上养某种动物吗？您或其他宇航员在家中有宠物吗？

当然，有的人有宠物，我的美国同事在飞行时就很想念自己的狗。但我没有宠物。

我认为在空间站养宠物是有问题的，在失重状态下，为它清理粪便是件艰难的事，需要制作一个带通风橱的特殊装置，这将会产生噪声，并且对动物也将造成压力。失重会使它不安，因为它不知道正在发生什么，所以最好把猫留在家中。

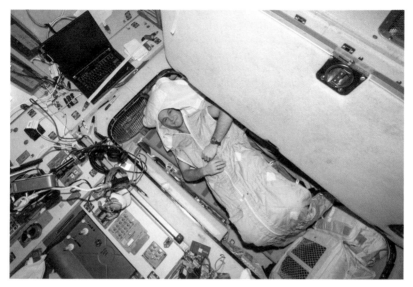

谢尔盖·梁赞斯基在国际空间站舱室的睡袋里

如何在轨道上睡觉？

我们在类似于旅行用的睡袋里休息：上面设有手臂伸出口和兜帽。睡袋必须用结带绑在舱壁上，因为风扇一直在工作，它驱动空气，如果你不把自己固定好，你将随着一起飘走。失重状态下不需要枕头，舒舒服服地蜷缩在睡袋里——如此而已。

在太空中您通常做什么样的梦？

人的大脑就是这样运转的，我们总是梦见缺少的东西。在太空中，经常梦到的是地球上的平凡生活：三环的交通堵塞、地铁上的忙乱拥挤、街道上的泥泞湿滑。当你回到家时，你又开始梦见飞行、飞船、空间站和失重。

如何在失重状态下吃饭？

　　最主要的是宇航员早已不再吃管状包装的肉泥了，现在运送到空间站的罐头食品是用铝罐包装的，你只需按照尺寸大小将其放入带有网格的特制炉具中，炉子将食物加热到60℃——你打开立即就能吃了。当然，罐子里装的基本上都是成品菜肴：鸡肉蔬菜、加肉荞麦粥、炖牛肉、猪肉土豆等。冷食小吃也是装在小罐头盒里运来的，但它们不需要加热，有口条肉冻、酱肉和各种鱼类。

在国际空间站上宇航员与航天学家共进晚餐

谢尔盖·梁赞斯基与太空食品

　　其他的都是冷冻干燥菜肴：红菜汤、苏波汤、土豆泥、蔬菜沙拉、坚果奶渣。先对食品原材料进行烹饪，然后将其冷冻，再用高温使其干燥脱水——冰绕过液态环节直接变成蒸汽，最后形成轻质粉末混合物，再用塑料包装密封起来。在轨道上，往其中倒入热水就足以获得一顿丰盛的美食。饮料也是如此：经过冷冻干燥的茶、咖啡和果汁存储在带有两个水阀的长形包装袋中，将水注入一个水阀中，摇匀后将吸管插入另一个水阀即可饮用。

　　此外，还用"进步"号为我们送来水果和蔬菜，这通常都会变成一场真正的肚子盛宴。遗憾的是，并不能往空间站运送所有的新鲜食品，因为担心它们会在途中变质，所以仅限于西红柿、苹果、橙子、葡萄柚、洋葱和大蒜。

美国人有不同的膳食，他们不使用罐包装，所有食物都经过冷冻干燥并保存在密封袋里，方便在电炉中加热。在他们的食谱中，除了常规食品外，还有各种酸奶、培根、薯片和各种酱汁，其中有的非常辛辣。令我记忆深刻的食物中有非常考究的牛排，我直到今天都不明白，如何能使制作的牛排在没有冰箱的条件下存放 6 个月，并且还能保持新鲜多汁。不过，美国人不喝汤、不吃肉冻。

大家的口粮因个人的喜好而有所不同。每位宇航员在飞行前都要品尝太空食品，然后上报自己最喜欢吃的东西，比如我，我非常喜欢鱼罐头、粥和干肉。在飞行前要试吃 16 天的口粮，还有一盒额外赠予的美食，的确，也有投其所好的时候，在第一次飞行中，发生在指令长身上的事让我感觉很搞笑：他根本不吃蜂蜜，可是他的赠品盒里却塞满了蜂蜜，我不得不帮他这个忙。一般来说，各乘组人员和国际

谢尔盖·梁赞斯基第一次在太空中制作比萨

空间站各舱段之间交换食物是正常的事儿：我们会送给合作伙伴一些东西，他们也送给我们一些东西，尤其是有剩余的时候。他们飞到我们这里："伙计们，我们这里有些存货，打算扔掉。"我回答："就扔我肚子里吧。"我们甚至还经常一起用餐，每周两次去做客共进晚餐：星期五，美国人来我们这里；星期六，我们去他们那里，届时东道主会准备所有人的晚餐。

应该说，我们的食物比美国人的好吃，也许只是比较习惯而已，也许是给了我们更多的自由——尽管美国人的口粮很丰盛，在所有菜肴中都加入了香料和酱汁，我们则不然。美国人的口粮中有美味的甜点，但几乎没有鱼。日本人的鱼非常好吃：若田光一[43]曾经让大家品尝过。

也有一些特殊的场合。有一次，保罗·内斯波利在与休斯敦的电话会议上说到他想吃比萨了，没过多久，"天鹅"号货运飞船飞来时就为他带来了制作比萨的全部食料：饼胚、软乳酪、香肠、橄榄。结果，我们做成了四个家常比萨，把它们包上铝箔纸放入电烤箱中烘烤。保罗做了一个洋蓟比萨，而我做的则更经典：意大利辣香肠、奶酪和蒜泥。

我们没有餐具之类的东西，我们用灰色的胶带做了一张带胶的桌子，把罐子、袋子、调味瓶放在上面。在一个餐具套装中有叉子和餐刀，但我不记得有人使用过，主要的餐具就是一只餐勺，它比普通的稍长，可以够到袋子的底部。我们把所有空罐子、用过的餐巾纸等都放入密封袋子里以防散发异味，所有装垃圾的袋子以后将随下一艘"进步"号一起焚烧掉。

43　若田光一（1963—）：日本第四位宇航员，国际空间站第 39 乘组的指令长。

怎样在太空中敲钉子：我的国际空间站生活

如何在失重状态下上厕所？

关于太空厕所的问题经常有人问到，就好像再没有其他兴趣了似的。正确的答案是：就像在地球上一样上厕所。但是，当然有细微差别。为了防止人类的排泄物散落在空间站上，太空厕所的工作原理就像吸尘器一样。这是一个非常可靠的系统，固体废弃物被气流送到一个专门的贮存器中，然后将其密封好扔进货运飞船中，将来再把它们一起送入大气中焚烧。

156

顺便说一下，俄罗斯建造太空厕所的经验比美国更丰富，这就是为什么 NASA 从来没有打算设计出来一款可以好好使用几个月的厕所，因为他们更愿意从我们这里订购。因此，无论是在俄罗斯舱段，还是在美国舱段，所有厕所都是我们国内制造的。

你们怎么清扫空间站？

在空间站上，每个星期六都必须要进行清扫，通常都是按乘组进行责任分工，每个乘组负责自己的舱段。首先进行吸尘，因为在舱室中容易积攒生物"粉尘"：皮肤碎屑、指甲碎片、毛发等。然后是用水擦拭，尤其是我们用餐的地方，要知道在地球上你弄洒了红菜汤，快速地擦干净地板就没事了，但是在空间站上，你必须把所有东西都擦拭一遍：地板、舱壁和天花板。我们清洁时用的是湿巾，还有一些专用的抗菌湿巾，可用来清洁厨房和卫生间。

空间站上什么最容易损坏？

这很难说，每个环节都有其自身的问题。有人的生命维持系统经常出问题，有人的电脑则总是死机。就在那次，我和保罗正做着比萨，我们的厕所坏了，萨莎·米苏尔金[44] 花了一整天的时间来修理它。当然，没有不出故障的设备，所以每个宇航员，尤其是随航工程师，都必须要熟知飞船和空间站上的每个系统，必要时他们可以自己处理，或者向地面操作人员报告所发生的事情。

44　萨沙：亚历山大的爱称。

您是怎么修理的呢？

就像在地球上一样，只不过一切都是在失重状态下进行的。我们都有自己的经验，也有执行每个步骤的指令。现在修理起来变得更简单：工程师们把维修的操作程序拍摄成视频，再把文件发过来。如果是无关紧要的小毛病，我们会自行修复，然后报告。如果问题比较复杂，我们就把情况描述清楚，并请求在我们的工作日程中安排时间维修。

我曾做过一项实验，是生物医学研究所组织的项目。实验装置就

9 × 12 扳手！

是无法启动，完了。我们怎么也搞不清楚问题出在哪儿，而我太想让它运转起来啦，无论用什么办法都行。于是，我一再请求地球：请制定一套测试方案，让我拆解开设备，探查一下里面。我们尝试了一次，但以失败告终。之后我们做了计划再一次尝试，我拆开了装置，发现泵阀中掉进了碎屑，致使它无法完全闭合，所以出现了泄漏。就这样，系统启动了。看到自己切实解决了一个难题，不用把设备送回地球，那种感觉别提有多棒啦！

在太空中能把所有东西都修理好吗？

很遗憾，不是所有东西都能修理好。有这样的时候，工程师根本搞不懂某个理论上根本不应该坏的装置是如何被损坏的，或者是一个密封盒如何在不破坏其完整性的前提下将其打开。这时就收到命令："伙计们，请打包装入'联盟'号，我们将在地球上弄清楚是怎么回事。"

能在太空中敲钉子吗？

当然能，用锤子敲，惯性仍然存在：把它放好，一敲，搞定。

你们在维修空间站时使用哪些工具？

国际空间站上有很多工具：扳手、螺丝刀、钳子、钻头、烙铁——足够开一间作坊啦。实际上，我们可以修好空间站上的所有东西，用得最多的是扳手：拧开、拧紧、拆卸或安装插板。

我们也使用更简单的工具。当有什么东西确实无法修复，但又需要它干活儿的时候，你就会展现出聪明才智来。例如，在"星辰"模块，跑步机上的跑带因老化开始破损，新的制作完了并已发送出来，但却随失事的"进步"号天折了。怎么办？……空间站上有一种 Grey Tape——美国生产的喷镀有金属的灰色胶带，在我们的五金商店可以看见和购买到，非常结实耐用又有极强的黏合力，我就是用它修复了跑步机的跑带，它一直坚持到我的飞行结束，后来"联盟"号运来了新跑带。

宇航员有生活小妙招吗？有没有不按指定用途使用的东西？

当然有。到处挂着橡皮筋，任何东西都可以塞进去。我们用宽胶带做了一张"带胶"的桌子，这张桌子上"摆着"的所有东西实际上都是"粘着"的。苏联"和平"号空间站还总结出来另一条经验：如果用热水冲泡粥或汤，它们需要 15~20 分钟才能泡好，但在这段时间它们可能会变凉，所以我们拿来一双毛皮靴或袜子，把午餐袋放进去，热量没有流失，里面的食物也泡发得很好。

在空间站上按照什么时间来安排生活？

我们有两个飞行控制中心（MCC）——分别在莫斯科和休斯敦，所以，为了不让任何一方感觉被冒犯，我们按照格林尼治时间（Greenwich Mean Time）来生活，这也是协调世界时 UTC（Coordinated Universal Time），在此基础上再加三个小时，就是莫斯科时间了。

谢尔盖·梁赞斯基和伦道夫·布雷兹尼克正在进行医学训练

宇航员的作息时间是什么样的？

每天在格林尼治时间的早上 6 点左右起床，接着是分配好的个人卫生程序时间。在电脑上，由规划人员制定的一天的日程表已经在等待着你。很明显，你可以穿插或更改某些项目，但总的来说，你必须遵守日程表，除了分舱段的工作和进行实验外，还有必修的体育课：每天至少两小时。午餐和晚餐时间也是规定好的。

在日程表上，永远都有早晚碰头会（DPC：daily planning conference）。我们所有人都聚在一起，与地面专家连线，详细讨论当前的事务。他们说："伙计们，今天我们要干这个，请你们注意这一点，这项实验必须要严格在规定的时间内进行，因为稍后空间站将改变方向。"双方的谈话均记录在案，我们必须无条件执行指令。到了晚上："伙计们，请报告你们完成的任务。"我们开始报告。专家们又提出问题："那么你们是什么时间完成这个的？你们得到了什么结果？记录结果的文件放哪儿了？"格林尼治时间晚上 10 点左右熄灯。

休息日与工作日有何不同？

当然，有周末休息日和节假日。在为期 6 个月的探险中，通常会有 4 个节日：俄罗斯节日和美国节日，抑或是类似于新年的共同节日。在假日，禁止规划人员给我们增加工作负担，但事实上总是这样：你刚醒来，日程表就已为你做好了安排，例如，你应该拍摄一个教学短片，应该为一个重要的会议致辞，再加上清扫舱室，整理一周内拍摄的照片。如此一来，一个休息日也变得忙忙碌碌。

宇航员是如何休息的？

因人而异，因为每个人都是不一样的。有人用平板电脑阅读电子书，有人看电影，有人拍摄空间站和地球的景色，有人整理拍完的照片，有人给亲人写信或回答一周以来互联网上积攒的问题。每逢节日，我们通常会准备特别的晚餐，试穿不同的服装并穿着它们拍照留念，一起开心取乐。

在空间站上有什么专业俚语吗？

我们有一种"鸟"语——一大堆缩写词，有人算过，一共有 1000 来个，要想听清并听懂它们，必须要使用一下相关的设备才行。例如，"в АСУ ЕДВ заполнил"的意思是"厕所里尿桶满了"。

与外国人的交流也留下了印记，我们还使用英语缩写。"Детали АСУ в Си-Ти-Би 10, в Ноде 3"表示"厕所的零件在'宁静'号模块中的 10 号盒子里"。

您有过天气带来的烦恼吗？

没有，就我个人而言，我从来没有过，空间站的天气很舒适。当然，你会想念地球上的一些东西——被雨淋湿的树木和绿植，这就是我们这里所缺少的。空间站上的沮丧源自地球上的云团，因为，比如说，你打算从轨道上拍摄巴黎，可在它的上空却日复一日云层密集。

如果您想一个人待会儿该怎么办？

当然，离开空间站你哪里都去不了，但是有一间属于私人的小舱室，这是你可以独处的角落。例如，可以随心所欲地胡乱拨动几下吉他，随时可以戴上耳机，观看电影或电视连续剧。在地球上时，我通常没有时间看电视，所以我的朋友们总是责备我生活落伍了，说我不懂时尚，为此，在空间站的这段时间，我看完了7季的《权力的游戏》，所以现在我知道了琼恩·雷诺不知道的事情。

您会不会有与家人分离的困扰？

这就是你一直在准备的。你即将去飞行，并且很清楚6个月后就能见到大家，所以这是完全能够承受的。

你不断收到新闻，有人给你发送电子邮件，你可以打电话给任何人——这一切冲淡了分离的感受。每周都为我们安排一次与家人、妻子在Skype上的视频见面，有时候我的朋友们在连线之前来到我的妻子那里，他们喝啤酒、开心地玩，他们说：谢廖沙，在零重力下转一圈吧，于是，闷闷不乐的谢廖沙就开始转圈儿。"来，让我们为谢廖沙干杯！"

您如何抑制要返回地球的冲动？

一方面，当我们在太空中飞行时，我们确实会想念地球、朋友和家人，甚至想念莫斯科三环路上的交通堵塞；另一方面，很想回家。那又能怎样？空间站上有很多工作：实验、维护、摄影，分散注意力是摆脱杂念的最好方式。

您认为国际空间站上的什么东西是不可替代的？

grey tape——我前面提到的灰色胶带，我们用它来进行操作性修复，还用它来做带胶的餐桌。假设你需要在一件物体上签字，可上面又不能写字，你就可以拿来灰色胶带，在上面写下要写的字，撕下这一块，然后粘到上面去，整个空间站都粘贴着这样的贴纸。它还有另一种用途：你从舱壁上拆卸下来一件设备，可固定它的两颗螺钉该放到哪里才不至于丢失呢？你可以用胶带把它们粘到设备上，这样就不会丢失了。这是那里所有东西中最不可替代的一件。

您进行过哪些科学实验？

空间站本身就是一项巨大的科学实验，宇航员的主要工作是进行科学实验，包括生物、医学、物理、化学和生态学实验。

不久前庆祝了国际空间站第一个模块——"曙光"号多功能货舱发射20周年，这些年来，专家们一直在观察这个复杂的系统是如何在极端空间条件下运行的，这是一项独特的科学实验，当大型行星际飞船开始设计时，它将派上用场。在空间站的外部固定着各种合金和塑料的样品——我们在出舱时把它们取下来，然后由科学家们研究这些材料耐温差和防日光照射的性能等。

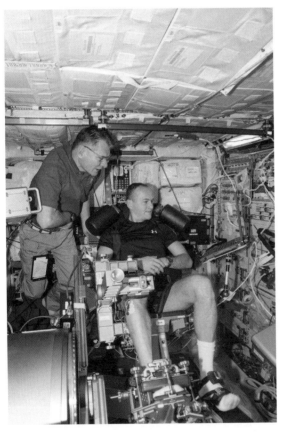

谢尔盖·梁赞斯基和保罗·内斯波利正在进行"Sarcolab"实验（肌肉溶解实验）

实际上，现在正在对故障、破损、设备使用、结构和组件的可靠性进行数据统计，否则将无法计划长期飞行。当然，每一次对空间站的探险未必会带来伟大的发现，但每一次飞行都是对共同事业的贡献，正如并非任何一项科学实验都值得获诺贝尔奖一样，但如果没有潜心的基础研究，新的发现就无从谈起。

哪一项实验最有趣？

所有的实验都很有趣。例如，我研究过视力变化、肌肉和肌腱萎缩——这是一个漫长而深入的过程，目前有关的统计数据很少。这是对我们自身进行研究，所以，宇航员既是实验员又是实验对象，既是科学家又是实验品，而且我相信，太空实验可以大幅度地增加科学研究的重担，因为我们有足够的时间和潜力，很想利用它们去做比我们现在做的更多的事情。有了两次飞行的经验，我敢说，我们甚至在业余时间里也都是满怀着愉悦的心情进行各种生物实验的——最终就算是没有《权力的游戏》，我依然能够不辱使命。

国际空间站上通常研究什么？

有关空间站上的研究在互联网上有专门的网页，对其概况的介绍在能源火箭航天公司、中央机器制造和金属加工科学研究所和俄罗斯科学院医学生物研究所的网站上均可以找到。关于外国舱段的科学研究由 NASA 新闻处报道。有一家专门的杂志《航天新闻》对太空研究的介绍十分丰富而详尽，它现在更名为《俄罗斯太空》，但资料是可以查阅的。研究方向是什么呢？正如我已经说过的，有两个主导领域：

生物医学和材料科学。例如，在我的第一次飞行中，我进行了两个长期的实验："虚拟现实"和"摩托卡"（motocard）医学实验。

"虚拟现实"实验研究失重对人体前庭器官的影响。有一台笔记本电脑，装有专门为实验设计的软件，它连接着一台小型摄像机装置，宇航员把它戴在头上，摄像机十分精准地跟踪眼球的活动，数据被记录到文件中，并立即通过专门通道传输到地球上。这项研究从一个人进入空间站的第三天开始，用来确定他在太空飞行条件下迷失方向的程度，它对治疗前庭疾病具有实际意义。在下一阶段，带有摄像头的设备将被虚拟现实眼镜取代，它们将创造空间幻想并监控宇航员的眼睛对它们的反应。

"摩托卡"医学实验是在"星辰"模块的跑步机上进行的，你要在跑步机上行走、跑步、移动手臂、弯腰、伸直身体，系统会详细记

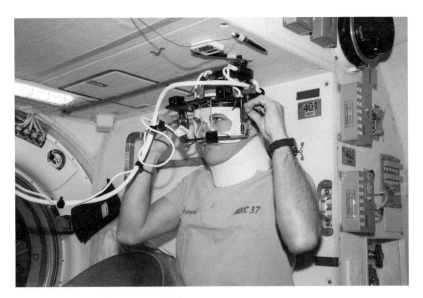

谢尔盖·梁赞斯基正在进行"虚拟现实"实验

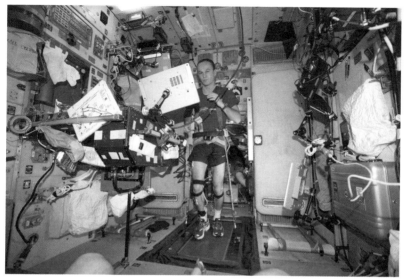

谢尔盖·梁赞斯基正在进行"摩托卡"医学实验

录下你的所有生理参数，一切就像是在地球上一样，但却是在失重状态下。然后进行数据对比，以了解人体生物力学在太空中是如何变化的。

　　还有一些真正的基础研究，其中包括一项多年的"生物威胁"实验，把细菌、显微真菌和种子放置在特制的容器中，然后宇航员将这些容器固定在空间站的外面，并将它们长时间放置在开放的太空中。令人惊讶的是，包括种子在内的许多生物都经受住了考验。由此证明，最简单的生命形式可以穿越太空并且完好无损，于是，认为生命起源于外星球的理论就获得了有力的论据。此外，"生物威胁"实验的结果让我们思考，对行星际飞行器所采取的灭菌措施是否有效：也许我们已经将微生物带入了火星，现在它们正在那里生成一个新的不寻常的生物圈。

为什么一定要在太空中进行这些实验？

因为在地球上的许多情况下都无法复制太空的条件。

这里的一切都处于失重的状态下。例如，你和我想培养某种纯净的晶体，培养完了——外观上看很漂亮并且平滑，但经过深入研究，结果发现晶格是"弯曲的"。具有正确晶格的晶体在现代激光技术中非常受欢迎，它们形成最薄的光束，但这种晶体只能在零重力下生长。这与合金相同——在地球上，几乎不可能正确融合非常重和非常轻的金属，总是有梯度。在失重状态下这就可以做到，因为金属不会因为重量差异而分裂。蛋白质也是如此——蛋白质大分子（或蛋白质晶体）只能在零重力状态下培养。据我所知，尖端医学对它们的需求很大，因为它们有助于开发新的有效药物，其中包括用于治疗目前被认为无法治愈的疾病的药物。晶体、合金、蛋白质的实验奠定了太空工业的基础，它终有一天会生产一系列在地球上很难或不可能制造的产品。

人们偶尔会提出这样的问题：在这些情况下，能否用机器人来代替人，用无人卫星代替空间站？有这个可能，但如果那样的话，任何实验都会变得异常复杂，因为它的开发者们将不得不考虑上千个细节，切实地预测所有的问题并设法阻止它们发生。这样的实验结果永远都会招来质疑，因为宇航员作为研究人员直接接触样本，而卫星上发生的事情通常很难看到。这可以用早期的劳动工具做类比。工具和机床最初都是手工制作的，后来已经能够借助原始工具制造更复杂的设备了，直到只用一张图纸就能生产零件的现代数控机床或 3D 打印机。这就是我们在空间站所做的：尝试一切可能，实验各种事物，手工实际操作，这样将来就可以在我们的经验基础上建立自动化的太空工厂了。石器时代？但是，没有石器的就不会有青铜的、铁的，等等。

另一个课题是飞行条件下的生命研究：失重与宇宙辐射、昼夜的快速交替、脱离地球的昼夜节律。我们观察胚胎和种子如何发育，研究农作物的产量，关注昆虫的行为，积累有关在地球外部形成的封闭生物圈的认识，在设计行星际飞船和太空殖民地时将会派上用场。

左：地球上的火焰。右：零重力状态下的火焰（NASA　摄）

失重物理学，其中也有许多新东西。例如，零重力状态下的火焰是圆形的，因为没有暖空气上升和冷空气下降的对流，火焰就以这种方式散射于可燃物体的周围，自然，如果不专门为燃烧区域提供氧气，那么周围的所有氧气会被迅速燃烧殆尽，火焰也会熄灭，这种效应也可以用来制造特殊合金。

还有一个惊人的实验叫作"等离子体晶体"。宇宙等离子体中通常含有尘埃颗粒，因此，我们决定在实验室条件下观察它们的状态，把它们放置好后就将其运送到国际空间站。结果显示，这些粒子排列成晶体结构，好像真的可以将其"熔化"。当条件发生改变时，粒子排列成类似于 DNA 的螺旋状，由此表明，生命基础的形成是建立在宇宙的基本物理层面上的。实验已经完成，其结果如今正在被认识并用来解决新材料、净化系统等方面的问题。如果没有空间站，实验还能进行吗？也许能，但那将需要花费更多的时间和精力。

在国际空间站上哪一项实验花费的时间最长？

在国际空间站上同时要进行数百个科学实验，其中一些持续了数年，也许最持久的实验应该是由俄罗斯科学院高温联合研究所设计、弗拉基米尔·叶夫根耶维奇·福尔托夫[45]主持的"等离子晶体"物理实验，它是于 2001 年至 2013 年进行的——其间共进行过 36 次探险考察。先是把"PK-3"仪器装置运送到国际空间站的俄罗斯舱段，后来，在 2006 年，将其换代更新为"PK-3 plus"。该实验的目的是通过模拟彗尾、行星际和星际云中发生的过程，研究电离气体（等离子体）中带电尘埃粒子的运动。在一定条件下，粒子会排列成显示固体晶体特性的空间晶格，对这种晶格的全面研究只能在零重力下进行，因此需要宇航员的帮助。该实验不仅有助于科学家们测试一些天体物理学理论，而且还帮助他们为微电子学中的等离子喷涂和蚀刻技术、超薄膜和纳米粒子制造的发展提出了诸多实用性建议。

国际空间站对地球上的科学家有什么帮助？

我们在空间站上能不断接到实际订单。例如，厄尔布鲁士附近发生了泥石流，紧急情况部发来了请求："伙计们，你们飞越厄尔布鲁士上空的时候，请拍些照片，不然我们不知道那里是什么情况，不知道淹没情况如何。"天气很好，我拍了一些照片，通过网络发给了他们。由于这些详细的地区摄影地图收到得十分及时，救援人员随后表示了深深的谢意。

45　弗拉基米尔·叶夫根耶维奇·福尔托夫（1946—2020）：俄罗斯物理学家，曾担任过俄罗斯科学院院长、俄罗斯联邦政府副主席、俄罗斯联邦科学技术部部长、俄罗斯国家科学技术委员会主席。

从太空鸟瞰厄尔布鲁士

　　这样的操作任务非常重要。您是否还记得，2002 年 9 月科尔卡冰川发生坍塌时小谢尔盖·波德洛夫[46] 和他的摄制组不幸遇难？在悲剧发生的前几天，宇航员上传了冰川的照片，如果专家们能及时拿到这些照片，他们或许就能及时把人员疏散了。

　　当然，对地表进行观测主要由卫星完成，虽然它们严格按照指令运行，但对它们所提供的信息通常需要仔细研究，宇航员可能会注意到卫星操作员根本注意不到的东西。例如，大火或洪水的开始、泥石流、污染水的排放——所有这一切在太空中都清晰可见，可以拍摄下来并把问题报告给地球。

46　小谢尔盖·波德洛夫（1971—2002）：俄罗斯电影演员、电影导演、编剧和电视节目主持人，代表作是《战争》《高加索的囚徒》。

我们一直在研究大气和海洋，有"硅藻""海浪""渔船""美人鱼""剧本""飓风"等实验——所有这些都是由宇航员用相机手动完成的，足以让人了解自然资源、天气和气候的变化。如果没有空间站，我们就不得不为每个任务制造一颗卫星，而我们是多面手，我们对任何新的实验都感兴趣，我们将乐于承担任何任务。

如何准备太空行走？

每一次出舱（或称舱外活动）都是在地球上充分计划好的。首先，实验团队演练一遍整个程序并确定每一步操作所需的时间，根据实验开始优化出舱各步骤的时间，将其减少到最低程度，再重新设置程序中的各个步骤，从而节省我们的精力，由此一来，宇航员便获得了预

谢尔盖·梁赞斯基与奥列格·科托夫准备太空行走

案。如果宇航员培训中心的水力实验室开放，乘员们会在模拟失重的游泳池里练习出舱。如果水力实验室像我第二次飞行前一样因维修而关闭，乘员们就会演练"干"式出舱。我们观察体会，评估自己的能力，并向规划者汇报哪些地方最好做出改变，他们当然会考虑我们的意见，所以说，出舱计划永远都是共同的创作。

在轨道上，我们提前两周就开始准备：检查并试穿航天服，有的地方要调整一下，有的地方要修一修。我们永远都有一个时间表，按照这个时间表你每天必须要为即将到来的出舱投入一定的时间：你要进行拉力器训练，摆动你的上半身，因为出舱时你的两条手臂会非常疲劳。总之，在出舱行走前，无论是在精神上还是在身体上，都要做好准备。

航天服是由什么组成的？

我前面谈到过航天服，在这里可以再重申一下，"海鹰"实际上是一艘小型宇宙飞船，它拥有在真空中生存和移动所需的一切：氧气储备、二氧化碳净化系统、电池、由水冷服和散热器组成的热调节系统。

用于在太空行走的航天服是由位于托米利诺[47]的"星辰"科研生产企业制造的，现在最新版的是"海鹰-MKS"，MKS 即"modernized, computerized, synthetic"（现代化的、计算机化的、合成的），它的重量为 110 公斤，可以保障在太空中自由工作 7 小时，使用上限为 5 年内出舱 20 次。除此之外，它还自动化了气候控制系统，外壳中的橡胶已被聚氨酯所取代。

遗憾的是，我没有获得测试新款航天服的任务，但我见证了费奥

47　托米利诺：位于莫斯科郊区。

谢尔盖·梁赞斯基与他忠实的"海鹰-MK"航天服迎接新年

多尔·尤尔奇欣首次穿着它进入太空。那是在 2017 年 8 月，一切都很顺利，我们成功地测试了新服装和气候控制系统，圆满完成了这一项目。

航天服里有挠鼻子的装置吗？

　　航天服里有一个特殊的装置，叫作"瓦尔萨尔瓦"（Valsalva），这是一个小垫板，上面有两个硅胶块，如果鼻子靠上去就会被夹住。当压力发生变化时，刚好可以用它来挠挠痒。这是一件非常有用的东西，因为根据"怕什么来什么"的墨菲定律，你刚一穿上航天服，你的鼻子马上就开始发痒。

为什么宇航员在进行太空行走时总是被"绑"在空间站上？

为了不意外地飞入太空，在这种情况下没有办法施救。目前，工程师们正在设计所谓的"安全包"——一种类似于喷气背包的航天服附加装置，它将被内置于"海鹰"的刚性胸甲中并自动运行。退一万步说，假如宇航员从空间站表面掉下来，只须按一下按钮，使用微型发动机和来自钢瓶的氧气作为喷射流的"安全包"，就可以根据无线电信标的信号把他送回。

但是，在这种设备到达国际空间站之前，我们有一条出舱的铁律：一定要固着在空间站的两个点上——要么用两根升降索挂住，要么是一根绳索和一只手，不能只拴着一根绳索而松开双手——只能是两点，就如同防止"跌倒"时的双重保险。

谢尔盖·梁赞斯基在空间站表面工作

为什么美国人制作了"会飞的座椅"，它是什么？

"会飞的座椅"，正式的名称是载人机动装置（MMU：Manned Maneuvering Unit），是为航天飞机项目开发的，因为计划将这些带翼的可重复使用的飞船用于太空中的维修和安装操作。"飞椅"基本上是一个带有独立发动机的小型宇宙飞船，宇航员乘坐它飞向卫星或轨道平台，去研究它们、进行各种操作并将它们推向正确的方向。在必要时，如果一名宇航员从航天飞机的表面或正在修理的卫星上摔下来，这把椅子就成了一种施救工具。然而，在1984年的任务中，人们对"座椅"只进行了三次测试，不久"挑战者"号航天飞机就失事了，"会飞的座椅"也就此被放弃：它们的使用被认为风险太大。我们也开发了类似的系统，已对其进行过测试，但从未真正实际应用它们。

为什么要进行太空行走？

进行太空行走是为了维护操作空间站外部的装置。设备会发生老化，需要对其进行更换并安装上新设备，需要重新链接整个电缆网络。我们要对放置在空间站外部的微生物进行采样，进行如"生物威胁"之类的科学实验。我们还把特制的样品面板（合金和塑料）安装到舱外，以便弄清楚太空环境会对它们造成什么样的影响，或者把之前的样本取下来交给科学家。

您第一次太空行走时是什么感觉？

在这里我必须要说，我的第一次太空行走是在 2013 年 11 月，我的任务是带去奥运火炬，这是全世界都瞩目的十分重大的事件，所以，我甚至没有记住自己在那一刻的感觉，因为当我们进行太空行走时，新人通常只给 10 分钟的自由时间——看看周围，活动活动手臂，评估一下自我感觉。也给了我适应的时间——我刚爬出舱，马上传来地球上的声音："喂，提醒一下，伙计们，直播 15 分钟后开始。"我突然意识到，我可能来不及安放摄像头，惊慌中我奔过去放置它们，被绳索绊住了，不知挂住了什么东西……我成功了！大约一个半小时后，当我们完成奥运火炬的传递时，我才想起来：哦，我是在舱外太空中！

太空行走持续多长时间？

通常 6~7 小时——这是标准时间。据我所知，只有 5 次太空行走持续了 8 个多小时：3 次是美国人干的，在 2001 年、2011 年和 2012 年；2 次是俄罗斯人，在 2013 年和 2018 年。我与奥列格·科托夫的第二次太空行走持续了 8 小时 7 分钟，但前不久亚历山大·米苏尔金与安东·什卡普列罗夫[48] 打破了这个纪录：他们用了 8 小时 12 分钟。

应该说，从工作完成情况看，这两次太空行走非常出色。我和科托夫在安装加拿大伸缩摄像机时出现了异常情况：它们无法启动，所以我们当即就把它们又拖了回来。打破我们纪录的两位同事的工作看似平常，但却经历了惊心动魄的时刻：他们的任务是更换"星辰"模块上的一个装置，它在太空中已经待了 17 年，而且，当初设计模块时没有人预见到会有那么一天必须要拆除这个装置并安装上新的。总的来说，一个按正常时间可以完成的普通安装操作，对大家来说完全变成了一次冒险。

第一次太空行走是由谁完成的？

第一次太空行走是由苏联宇航员阿列克谢·列昂诺夫[49] 于 1965 年 3 月 18 日完成的。他飞行乘坐的是"上升 -2"号卫星飞船，由帕维尔·别利亚耶夫[50] 任指令长。该飞船是在"东方"号的基础上建造的，专门为争夺历史优先地位而打造。在出舱前，一个两米高的气闸舱被

48　安东·尼古拉耶维奇·什卡普列罗夫（1972—）：俄罗斯宇航员，俄罗斯联邦英雄，参加过 3 次轨道探险。
49　阿列克谢·阿尔希波维奇·列昂诺夫（1934—2019）：苏联宇航员，第一个太空行走者，两次获苏联英雄称号。
50　帕维尔·伊万诺维奇·别利亚耶夫（1925—1970）：苏联宇航员，苏联英雄。

打开并充好气，身穿"金雕"航天服的列昂诺夫钻进里面。几分钟后，当压力降到零时，他"漂移"到了太空中，他看到了下方的黑海和高加索山脉。当列昂诺夫还在飞船外时，航天服膨胀起来，他在返回时无法立即进入气闸舱，不得不再次调低"金雕"内的气压，头朝前"游进"舱口。关闭舱门后，列昂诺夫好不容易转过身来，终于进入了舱内。出舱行走的总时间为 23 分 41 秒，这个过程被安装在飞船上的电视摄像机记录下来，画面通过"黄玉"系统输送到直播间。

时间最长的太空行走是由谁完成的？

目前，太空行走持续时间的纪录属于美国人詹姆斯·沃斯[51]和苏珊·赫尔姆斯[52]，当他们于 2001 年 3 月 11 日离开"发现"号航天飞机前往国际空间站的"团结"号节点舱工作时，他们并没有打算创造任何纪录。对于沃斯来说，这是第三次太空行走，而对于赫尔姆斯来说，这是第一次。因在工作中出现了一些失误，宇航员比规定的时间晚回舱了一个小时。休斯敦飞行指挥中心命令他们返回气闸舱，但宇航员不得不在那里再多待了一个小时，因为他们必须要将压力适配器从模块的一个对接节点转移到另一个对接节点的程序"保驾护航"，该程序是借助航天飞机的机载机械手来操作完成的。确认一切正常后，两位宇航员给气闸舱充好气，这时才惊讶地发现他们已经在真空中待了 8 小时 56 分钟！

51　詹姆斯·谢尔顿·沃斯（1949—）：美国宇航员，进行过五次太空飞行。
52　苏珊·简·赫尔姆斯（1958—）：美国宇航员，第一个登上国际空间站的女宇航员，进行过五次太空飞行。

太空行走会遇到什么困难？

首先是心理过度的紧张，其次是高度的责任感，再次是这样一种意识：你穿着薄薄的宇航服，而周围是真空。从身体上来说也相当艰难：航天服因内部的气压变大膨胀起来，所以，你的手臂要完成任何一个伸张弯曲的动作都对抗着袖子的阻力，就好像举着一公斤重的哑铃，它看起来质量很小，但从某一刻起你累了，可又不能停止操作。

我酷爱这份工作，因为它很酷，很有男子气概。我已经四次进入太空了，我认为这是最好的运气，有些宇航员即使飞行了两次也没有一次出舱的机会。

您害怕过吗？

我最大的恐惧是我无法胜任、无法完成操作，害怕让相信我的人失望。对我来说，尤为重要的是把所有的事情做好，因为在我第一次太空行走时就被委以将奥运火炬带入太空的重任——这是一件具有历史意义和广告宣传意义的重大事件。

但后来恐惧感渐渐消失了，因为周围有绝世的美景。在第一次太空行走时，奥列格·科托夫向我展示了该如何获得真正的乐趣。当空间站进入阴影并且与飞行指挥中心中断通信联系时，休息正式开始：操作人员真的不喜欢宇航员在不受他们监控的情况下工作。科托夫即刻关掉头盔上的照明灯，依靠升降索离开空间站，我也学着他的样子去做。这是令人震撼的感觉：你独自一人在黑暗中，天空上繁星点点，太空中一片寂静。就为这几分钟也值得飞向太空！

谢尔盖·梁赞斯基在舱外太空工作

您见过天使吗？

没有，我没见过，而且没有一个宇航员见过。据我所知，这个童话故事是记者编造的。

看着地球时，您在想什么？

我想的是：该工作了。只是过后才想：哇，太美啦，太棒啦！

一般来说，当进行太空行走时，对地球的感知会立即有所不同。当你从空间站的任何一个角度观看舷窗之外的世界时，你的视野是有限的——这面小窗容纳不下整个星球。但是在外面，只须转动一下戴着头盔的头，你就可以看到地球，确信它仍然是圆的，而大象、鲸鱼和乌龟都藏起来了。

在太空中您是否觉得自己就像地球和宇宙背景下的一粒沙尘？

当然，你会觉得自己很渺小。你看，看见了吧，那个小点是巴黎，那个小点是莫斯科，那里住着 2000 多万人。你一下子就会意识到你有多小，你周围的一切有多大。

把奥运火炬带到外太空的感觉如何？

火炬是由米哈伊尔·秋林[53] 乘组用"联盟 TMA-11M"号于 2013 年 11 月初运来的。顺便说一句，当时我们空间站上出现了一个特殊情况：一下子住了 9 个人，可舱室只有 6 个人。因此，一个"多余的"宇航员就住在了仓库中，第二个住到欧洲舱段，而米沙[54] 像卡尔松[55] 一样，住在我们的天花板上。

53　米哈伊尔·弗拉迪斯拉沃维奇·秋林（1960—）：俄罗斯宇航员，俄罗斯联邦英雄，曾多次飞往国际空间站，完成了四次太空行走。
54　米哈伊尔的爱称。
55　卡尔松：瑞典女作家阿斯特丽德·林格伦（1907—2002）创作的文学人物，其作品有《小飞人卡尔松》等。

谢尔盖·梁赞斯基和奥列格·科托夫把奥林匹克火炬带入舱外太空

　　我和奥列格把火炬带到舱外太空，我们手握着它在镜头前摆好姿势。后来，火炬由恰好要离开的费奥多尔·尤尔奇欣及其乘组运回地球，交给了奥林匹克委员会。我特别强调一下，于 2014 年 2 月 7 日在索契举办的奥运会开幕式上，弗拉季斯拉夫·特列季亚克[56]和伊琳娜·罗德尼娜[57]正是用这把火炬点燃了圣火，也就是说，它是完全好用的，

56　弗拉季斯拉夫·亚历山德罗维奇·特列季亚克（1952—）：俄罗斯传奇体育人物，苏联时期冰球运动员、教练，俄罗斯政治家，来自统一俄罗斯党的第四至第七届国家杜马代表，自 2006 年起任俄罗斯冰球联合会主席。
57　伊琳娜·康斯坦丁诺夫娜·罗德尼娜（1949—）：俄罗斯传奇体育人物，苏联时期花样滑冰运动员，3 届奥运会冠军，10 届世界冠军，俄罗斯政治家，统一俄罗斯党第五至第七届国家杜马代表。

当然，尽管我们在太空中没有点燃它。

需要说明的是，这个创意本身并非首创。第一支火炬是于 1996 年夏天在美国亚特兰大奥运会之前由"哥伦比亚"号航天飞机运来的；第二支是于 2000 年 5 月在澳大利亚悉尼奥运会之前用"亚特兰蒂斯"号航天飞机运抵的。不过，我们走得更远——我们把自己的火炬带进了舱外太空，这是前所未有的。

感觉当然是极其振奋的，尽管我曾十分紧张。

如果航天服漏气怎么办？

我们自然会为此做准备，进行专门的训练。当发生漏气时，打开出舱时不使用的备用气瓶，用其供应的氧气来补偿泄漏。你的手套上有一张表格，上面显示在临界失压之前还剩下多少时间。相应地，你要放下一切，飞到对接舱的舱口，以便返回空间站。

在您的几次太空行走期间有没有发生过什么紧急情况？

是的，发生过。一次我们有一个螺丝拧不下来，就和它耗了有 40 分钟。还有一次天线卡住了，我们始终无法将其折叠起来。在出舱的紧急关头，我的热控系统的泵失灵了，自动系统立即切换到备用泵，但后来我的同事们不得不更换了航天服里的这个泵。

舱外太空热还是冷？

就像平常一样，在阳光下很热，在阴影里很冷。没有对流，所以所有的热量都是通过辐射传导的，表面的温度也因此在零上 70℃到零下 70℃之间波动。

　　我记得在第一次出舱时手都出汗了，因为始终在用手工作。空间站突然进入了地球的阴影，一下子变得异常寒冷——冷到骨子里！于是，我就像小时候那样把手指缩回手套里来给它们取暖。

飞行过程中身体会发生什么变化（身高、体重等）？

　　不尽相同，这还是取决于个人本身。身高确实会增加，因为在正常重力下，脊柱被压缩，而在没有此类情况的空间站，由于椎间盘空间的拉伸，你会略有增长，通常增长的幅度在三厘米之内，但是专家告诉我，有时候会达到五厘米。

国际空间站上的超人乘组

体重也有个性差异。有人体重会减轻——因压力或特殊体质。我却相反，每次都增重。在第一次飞行中，体重增加了许多：出发时重69公斤，返回时达到83公斤。在第二次，出发时重73公斤，返回时是76公斤。我的体重增加大概与我在地球上非常积极的生活方式有关，经常忙于各种事务；而在空间站上，虽然也做操，但肌肉的负荷终归比较小。

嗅觉也会发生变化，因为鼻子经常被阻塞。视力也发生改变，但这个问题还在研究中。脚后跟上会突然开始长出毛发——变成了一个霍比特人[58]，因为腿部变粗糙的皮肤开始剥落，脚后跟变得光滑和粉红，由此便出现了新生的毛发。

您在空间站上穿什么？您穿什么样的鞋子？

宇航员的服装是专门制作的，种类相当繁多。许多人都喜欢T恤衫和短裤，我常穿T恤衫和运动款长裤，上面有一堆口袋，因为在零重力情况下衣服上有它们非常方便：闪存盘、卡片、工具总能伸手可得。在第二次飞行中背心出现了，我一下子就喜欢上了它们，因为穿着它们比穿普通的T恤衫更舒服。

在飞行前向我们提供可选择的衣服款式和颜色，有些同事会选择浅红色或浅黄色款，而我更喜欢沉稳的色调：深绿色、蓝色和米色。有的衣服是可以拒绝的，例如，一件大号的羊毛西装——我在第一次飞行时带上了，尽管指令长劝我说：别带啦，用不上。也确实没有派上用场，所以第二次飞行时我就没要。

58　霍比特人：约翰·罗纳德·瑞尔·托尔金（J. R. R. Tolkien）的奇幻小说中出现的一种民族，他们的脚掌长有坚硬的肉垫和厚重的褐色卷毛。

按照谢尔盖·梁赞斯基的说法：背心比 T 恤衫好，新鲜水果和绿色蔬菜比罐装食品好

　　袜子我们也根据自己的喜好来选择。在空间站上鞋子只有在极少情况下才能穿到。我们有适合跑步机的运动鞋——不能赤脚在上面跑步。有自行车鞋，它们被固定在健身自行车的踏板上。还有一种很滑稽的鞋子，是从苏联航天业继承下来的，是一种毛皮靴，我从来没有穿过，但我知道它们是派上过用场的。例如，在我们带着奥运火炬出舱的时候，迈克尔·霍普金斯[59] 就坐在旁边对接着"联盟"号的"搜索"号模块里——根据安全规则，在进行太空行走时，所有的乘组都必须待在自己的飞船附近，以备快速重新对接——而且那里非常冷，因为"搜索"号里没有供暖设备，所以，这个可怜的家伙收集了所有保暖的东西，毛皮靴也对他大有用处。伙伴们经常不按照它们的直接用途来使用，

59　迈克尔·霍普金斯（1968—）：美国宇航局第 336 位宇航员和世界第 536 位宇航员。

而是当加热炉用——用来冲泡粥：他们往装有燕麦片的袋子中加入沸水，再将其放入毛皮靴——它就在那里膨胀，变成热乎乎的美食。

您遇到过外星人吗？

我相信它们的存在。作为一名科学家，我明白，仅根据统计数据就有这么多的世界：行星、恒星、星系，在某个地方一定还有其他有智慧的生命。况且按照纯粹的人性，独处于这个宇宙中是令人沮丧和不悦的。然而，目前还没有证据表明外星人的存在，尽管有许多与之相关的有趣故事。

那是我的第一次飞行，我和奥列格·科托夫正在喝晚茶。我们相聊甚欢，天已经很晚了，突然，我们听到一阵响亮而有力的敲击空间站的声音：咚、咚、咚。况且你该知道，空间站的舱壁厚度是 1.5 毫米，可敲击声来自外部。我们自然是瞪大双眼彼此对视着，试图弄清楚我们是否产生了幻觉。也许是我们累了，该与太空告别了——我们已经飞行了三个半月。但刹那间，我们惊恐地意识到我们听到了可疑的声音。就在我们相互对视时，又传来"咚、咚、咚"的声响。我们开始环顾四周，在那个地方，空间站的舱壁覆盖着嵌板，舱体本身是圆形的，内部的工作空间是方形的，在嵌板后面要么是一个仓库，要么是设备，就在那个传来敲击声的地方，是一个生命保障系统。我们开始大声说出这些装置都是什么，而且我们很清楚：没有什么能发出敲击声。

我们讨论着各种可能的原因。敲击声又响起，但它转移到了对接的货运飞船方向。就在那一刻，我的脑子里第一次闪现出一个念头：空间站上来了天外来客。我跟着奥列格飞起来，他是最聪明的宇航员。他来到中央电脑前，我看着他，他已经在挥手，他说："过来。"在我

们的电脑上有一个实时日志文件运行窗口，在空间站运行的任何操作在这里都可以看到。情况弄清楚了：地球在没有预先通知乘组人员的情况下启动了从货运飞船向空间站输送燃料的系统，想必在该系统的阀门被打开时，碰到了一些结构元件。第二天早上，奥列格当然联系上了飞行指挥中心，他说："伙计们，真该预先通知一下！当然，我们已经成功地换完了裤子，要知道我们差点中风。"

　　有时你会看到真的不明飞行物。那不是吗？有东西在飞舞闪烁，你马上抓起光学仪器，开始对准它，结果发现这是一块剥落的油漆。空间站已经在轨道上运行了 20 年，周围有很多垃圾。这不，它飞舞着，在零重力下缓慢旋转，并周期性地反射着太阳的光线。

在太空中，尤其是透过舷窗，很难确定物体的实际大小和形状。于是，那些相信有天外来客的人看着从太空中拍摄的图片，经常会说："哦，飞碟飞起来了！"事实上，这是我们自己活动的结果：出舱后某个弹簧钩没有挂好——于是新被演绎成空间站周围有一群"飞碟"的传说。

有为第一次接触外星人准备议定书吗？

没有成文的指令，但给出了建议：当出现不可预见的情况时，根据情况采取行动。当然，我们针对接触没有做专门的准备，我们的工作是飞行、完成科学项目和修理空间站。假如外星人突然出现，我们会想出办法的，一定会解决好的。

您有没有把漂流瓶发射到太空里，以便有朝一日其他星球上的人能读到它？

好主意，更何况宇航员会定期手动发射卫星。然而，很遗憾，空间站上没有瓶子——我们所有的东西都装在袋子里。

为什么要在太空中做运动？

必须要做！原因是，我们的机体构成出奇简单：如果某一个器官长期不使用，机体就会把它"吃掉"。例如，如果你不读书，不使用你的大脑，相信我，你的机体会很快摆脱它。当然，这只是一个玩笑，但是在每一个玩笑中……如果没有持续的大脑训练，快速思考和分析的能力就会明显下降，这已得到证实。

　　肌肉的情况更加直观。无论在地球上还是在太空中，不运动肌肉就会变得松弛并开始退化，取而代之的是结缔组织，即所谓的萎缩。为了避免这种情况发生，我们的专家会为每个宇航员量身定制自己专有的训练日程。

空间站上有什么健身器材？

　　应该锻炼耐力、速度和力量。为此，我们在跑步机上跑步、踩踏板、练拉力器。空间站上还有一个很棒的美国 ARED 模拟器——电脑控制的杠铃，可以坐着、躺着和站着练习，练习的时候你可以自己设定它会给你多大负荷。目前我们也在开发一个类似的系统，但暂时有几种方案还在讨论中。

　　有两台跑步机、两辆自行车——分别在俄罗斯舱段和美国舱段，不过，它们的

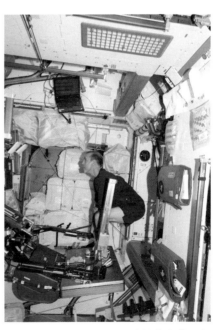

美国宇航员理查德·马斯特拉奇奥[60] 正在 ARED 模拟器上锻炼（NASA　摄）

60　理查德·马斯特拉奇奥（1960—）：美国宇航员，完成了 4 次太空飞行，总共飞行了 227 天 13 小时 38 分钟。

谢尔盖·梁赞斯基在国际空间站俄罗斯舱段的跑步机上

设计完全不同。俄罗斯舱段出现了一个动力加载器，但我没有福气使用它：它是在我第一次探险中安装的，但却不能用；在第二次探险时我把它安装好了，但我们很快又把它弄坏了。

　　最不寻常的锻炼当然是在跑步机上。既然在零重力下任何一个推力都能让你飞走，那该怎么跑步？宇航员将穿上一件特制的背心，用缎带系在跑带上，拉力由电脑来控制，你可以设置你今天想要以多大的负荷跑步。例如，你设定为 50 公斤，这意味着你今天的体重就是 50 公斤。当然，在飞行结束前必须要加大拉力和负荷，以便在着陆前将肌肉恢复到正常水平。

在轨道上打羽毛球

国际空间站上真的可以举行体育比赛吗？你们经常举办类似的活动吗？

是的，偶尔会。在我的第一次飞行中，我们在失重状态下举办了一场足球赛，结果非常不同寻常且非常有趣。后来一些羽毛球拍被运送到空间站，我和亚历山大·米苏尔金尝试着用它们玩了一会儿，不过比赛则是他的乘组在我回到地球以后于 2018 年 1 月举行的。还可以打乒乓球，因为有球拍即可，不需要桌子。但我们不会专门举办这样的活动——只是在节假日，为的是娱乐一下并提升乘组人员的团队精神。

您锻炼一次能绕地球飞行多少圈？

一个轨道圈是一个半小时，利用这些时间你正好可以锻炼一次。

宇航员用什么写字？

在早期飞行时，宇航员使用的是铅笔，但石墨铅笔芯可能会碎裂，这在零重力下很危险，因为碎屑可能会进入写字者的眼睛或肺部。因此，随着时间的推移，他们改用了蜡笔，这也有缺点——字迹会变得模糊不清。1965 年，美国发明家保罗·费舍尔申请了"反重力"笔的专利，其中插入了一个加压的密封墨水盒，他的笔被美国"阿波罗"号和苏联"联盟"号的乘组人员带着飞上太空。今天，宇航员用圆珠笔写字——其制造技术已经达到了优级品，与费舍尔的发明水平相当。

宇航员用什么画画？

是的，他们也画画，是用铅笔画。我在空间站上没有看到颜料，我自己不会画画，也从来没有尝试过，但我认为这是完全可能的——比如画水彩画。

什么是空间站的心脏？

可以把主控计算机称为"心脏"。美国舱段有 MDM（Multiplexer/Demultiplexer）主控机，我们舱段有中央计算机，它们之间经常共享数据。一台计算机从其传感器接收到信号，会立即将其传输给"搭档"，而"搭档"要么使用它们，要么只是做记录。它们首先相互通报有关状态矢量的数据——关于空间站在三维空间中的位置，这些数据将被用于了解将来会发生什么以及我们接下来要做什么，同时也被传输到飞船和地球上——飞行指挥中心。此外，计算机还交换临界系统、能源消耗、库存等方面的信息。

空间站上的计算机能起到互补作用吗？或者仅仅只是俄罗斯舱段和美国舱段？如果出现故障，它们能相互取代吗？

在不同的阶段情况有所不同。美国的 MDM 主控机一直被认为是主导，在飞行的某些阶段将指挥权交给俄罗斯的计算机系统。

计算机各自负责自己的舱段：如果对接的是一艘俄罗斯飞船，那么运行的就是俄罗斯的计算机；如果是美国的飞船，运行的将是美国的计算机。

优先权在哪里，指挥权就交给谁。此外，每个系统都有备份：中央计算机有三份，MDM 有两份。

空间站上的计算机有多强大？

空间站上的计算机性能并不强，但它们的可靠性令人震惊。现代处理器非常容易受到宇宙辐射的影响，寿命很短，可这些计算机可以持续工作几十年。

此外，在空间站上，我们使用了大约 100 台具有不同功能的联想 ThinkPad 笔记本电脑：一个"连"互联网，另一个"连"内部网络；一个与诸系统"对话"，另一个与它"交谈"。有老款的机型，也有较新款的机型，我们在这些电脑上处理具有更高分辨率的照片。有办公笔记本电脑，它们可以跟踪我们的锻炼和生物适应性。主控计算机上运行的是 Linux 操作系统，其余计算机上运行的都是 Windows XP 系统。

空间站上有互联网吗？它的网速快不快？

当然，空间站上有互联网。通信要通过卫星，并且速度相当慢，毫不夸张地说，有时登录一个普通的网站要长达 5 分钟时间。也许，访问速度是能够提高的，但在那些使用外部网络的电脑上，主要的传输通道被科学研究占用——通过它来实时传输某个实验的实验结果或直播视频。不过，可以平心静气地浏览新闻提要和文本转播。如果你

谢尔盖·梁赞斯基通过互联网可以在国际空间站与整个世界进行通信联系

想把照片上传到社交网络上，那你得等好几分钟，视频录像就更困难了——通常我还在给地面上的助手发送的时候，他们却已经在整理和编辑了。

您每天花多少时间在社交网络上？

　　在我第一次飞行的时候，空间站上还没有直接的社交媒体接入，当我第二次飞行时，它出现了，而且每个人都被要求尽量写博客，因为这也是在普及航天知识，就是说，这是我们工作的必要部分。而且，说实话，我喜欢经常在社交网络上交流，因为事实证明，这也是很好的心理支持。你讲了一些关于国际空间站的事情，上传了最新的图片，立刻看到很多人的反应并收到反馈：请拍摄这个和那个；请给我们讲

讲这个和那个；今天我们城市里将放焰火——请您观看；我们城市附近有一场大火，请您拍一下。有机会能以这种方式与人交流，这是非常棒的事。

宇航员如何与家人交流？

主要的交流方式是电子邮件，它通过 NASA 服务器的独立通道发送，那些被我们添加到联系人列表中的人可以给我们写信。事实上，你似乎并没有脱离正常的生活——朋友们可以给你写信，你可以同家人交流。

此外，从国际空间站可以随时向世界上的任何电话拨打卫星电话。例如：我可以打电话给我的妻子，了解她的情况；我可以打电话给科学家，与他讨论即将进行的实验的细节；我可以打电话给我的朋友，祝他们生日快乐。现代通信简直是人类智慧的一项奇妙发明，它在太空中帮了我们的大忙。

大家是如何祝贺您生日的？

每次亲友都很用心设想一些独具匠心的东西：录制有趣的视频、制作快闪、给我朗读诗词。在最后一次堪称是激动人心：米哈伊尔·加卢斯蒂安[61] 录制了一个电视短片，在片子中整个《喜剧俱乐部》都向我表示祝贺——气氛十分火爆热烈，令人心旌荡漾。谢谢米莎，谢谢他安排的这一切。

61　米哈伊尔·谢尔盖耶维奇·加卢斯蒂安（1979—）：俄罗斯表演家、喜剧演员，戏剧、电影、电视和配音演员，歌手，编剧和制片人。

谢尔盖·梁赞斯基与生日礼物

　　此外，乘组队员向我赠送了礼物，这也让我兴奋不已，因为我知道，将一件与工作无关的"多余"物品拖到空间站来是多么艰难的事。而且我很清楚，我的同事已经提前计划好了将要到来的这个日子。无论是在第一次还是在第二次飞行中，美国人都用红鱼子酱罐头向我表示祝贺。还应该铭记的是，红鱼子酱是禁止运到空间站的，因为它必须存放在冰箱里，伙伴们两次都成功地与管理层达成了协议。

　　我本人通常会赠送同事们各种有趣的文化衫——携带它们要容易很多。

如何能联系上国际空间站的宇航员？

　　直接联系是没有机会的，要想联系只能通过亲属或飞行指挥中心的工作人员，这是专门规定的，为的是防止不必要的交往。如果您有重要事情，同时宇航员也认识您，那就可以请求一位亲属通知他，让他亲自给您打电话。在特殊情况下可以向飞行指挥中心提交正式的申请，会为您安排一个视频通话。

是否可以向宇航员通知一切事情？

话题范围通常要与心理支持服务部拟定，但专家们会讨论并记录下细节。假设某人有一位年长的亲属，如果他住进了医院——是通知还是不通知呢？这个消息会不会影响到宇航员的工作？由谁来通知——受委托的人还是另一位亲属？

我个人认为，在任何情况下都应该通知，因为我们是训练有素的人，我们面对这种压力不会丧失工作能力。我们都是成年人，因而我们明白：生活就是生活，在我们缺席的情况下任何事情都可能会发生。总的来说，这是一个相当复杂的话题，美国人已经将其形成体系，我们却还未规范化，但每个人对这一切也都能理解。

在空间站上您喜欢如何度过空闲时间？

每个人都有自己"打发"时间的方式。事实上，也没有太多的选择。有人运动，额外给自己加码。许多人拍摄空间站和地球，因为这是件十分美妙的事：在第一次飞行中，我拍了 6.5 万张照片；第二次飞行我带回 25 万张照片，尽管此次飞行的时间较短。空间站上有两把吉他、一架电子琴，所以我时不时地拿起吉他，走到角落里胡乱弹上几下。但是，你也经常会做一些平时的日程表上来不及完成的次要工作：你要清理仓库、整理东西、回答科学家们的问题。空间站上的生活就是不断地工作，它不仅听命于制定日程表的地球，还服从于乘组。

您看电影吗？

是的，看。通常我们会预订具体的影片，心理支持服务部会通过网络将它们传给我们。在第二次飞行中，甚至还有一个专门约定的时间，每逢星期六，我们会聚集在一起，整个乘组一起看电影，这已形成一个良好的传统。

有一台投影仪和一块屏幕供我们观看使用，看完后还可以就电影进行讨论。有一次，我们竟然连续看了四部在 2017 年上映的好莱坞新片，而里面所有的"坏小子"都是俄罗斯人——这件事让我们开心、说笑了好长时间。

我们轮流选电影。有人说：这是我喜欢的，我已经看过五遍了，你们也来跟我一起看看吧。当然，如果电影不"对路"、你不喜欢它，你可以随时离开去你的小舱室，不去打扰其他人。不过，我们多数时候都是看到最后。

在闲暇时也可以看点什么——单独一个人用笔记本电脑看。我在地球上的朋友一直嘲笑我，说我生活落伍了，没看过一集《权力的游戏》。结果，我在轨道上看了 7 季。

另一种方式是在进行强制性体育锻炼时观看。你站到跑步机上，把下载了连续剧的平板电脑挂到"粘扣儿"上就可以看了。就我而言，我基本上看的都是英文版，这样还能有语言实践的机会。我喜欢上了现代英国电视系列剧《神探夏洛克》，该剧很短，我在第一次飞行时就很快地看完了，现在也是在反复地看，因为这部剧太棒了。

您听音乐吗？

是的，也是在锻炼期间。我一边练杠铃、跑步或踩踏板，一边听音乐。通常，要么听我带来的音乐，要么听心理支持服务部的伙伴们找到的音乐。

我喜欢俄罗斯摇滚，所以我经常预订"我们的电台"转播的录音——有两三小时。当然啦，每个人都有自己的最爱。例如，在第二次飞行中，星期五被定为"俄罗斯日"，我和亚历山大·米苏尔金为大家准备了晚餐，所有人都到齐了：三个美国人和一个意大利人，我们一定是播放存档文件中的一首国内音乐。

宇航员认为哪些歌曲是队歌？

宇航员队伍的队歌是亚历山德拉·帕赫穆托娃和尼古拉·多博隆拉沃夫[62]创作的歌曲《希望》，我不知道是如何选定的，但这是一首再合适不过的歌曲。您还记得吗？"一颗陌生的星辰闪闪亮，我们又要离家启程远航……"当然还有其他好听的歌曲，每个人都有自己的最爱。在空间站上有足够的乐器让我们集体度过美好时光：吉他、萨克斯管和电子琴——我们偶尔也会聚在一起唱唱歌。

您在国际空间站上读书吗？

提到读书情况也是如此，宇航员们喜欢读书。空间站上有纸质藏书——很少，大约20本，其中多数是专门带来的。例如，有康斯坦丁·齐奥尔科夫斯基的书——如果一个正常人为了消遣来读它，是值得怀疑的，因为那是一个伟大的人，拥有着伟大的思想，但是，这当然是太空中应该有的人。我曾经在里面找到了一本吉利亚罗夫斯基[63]的《莫斯科与莫斯科人》，那是我最喜欢的书之一，我是怀着十分愉悦的心情又重读了一遍，哪怕再读上百遍亦会如此。

---

62 亚历山德拉·帕赫穆托娃（1929—）：苏联作曲家、钢琴家，公认的作曲巨匠，社会主义劳动英雄，苏联人民艺术家；尼古拉·多博隆拉沃夫（1928—）：诗人、词作家，苏联国家奖和列宁共青团奖的获得者。这两位事业上的好搭档也是生活中的夫妻，两人共同创作了众多脍炙人口的作品，真正称得上是"珠联璧合"。
63 吉利亚罗夫斯基·弗拉基米尔·阿列克谢耶维奇（1853—1935）：俄罗斯著名的文学家、政论家、诗人，他工作的重要方面之一与新闻工作有关，经常为众多杂志和报纸撰稿。

基本上还是读电子版的书籍。我有时读科幻小说，比如谢尔盖·卢基扬年科[64]的作品。萨沙·米苏尔金更喜欢有声读物，所以他都是自己预订，一边工作一边听。

大选时如果您在太空中该如何投票？

我从来没有投过票，没有机会投。不过，通常宇航员会指定一个受托人，他会秘密地向其告知他的选择，那个人会到飞行指挥中心正式将选票放入投票箱。

在空间站上是否发生过严重冲突？如何才能避免它们？

宇航员也是人，所以空间站上也有冲突的情况发生，但我不记得有任何真正严重的冲突。我有幸遇到这些乘组，所有的同事都很容易相处且充满智慧，即使碰巧有人不满意什么事，也总是通过推心置腹的交谈成功地化解了矛盾。这种情况下，尊重一个人并接受他的人本很重要：你改变不了他，他是一个你需要与之共事的成年专业人士。假如你自己的情绪突然泛滥，那么你需要停下来走开，冷静一下，然后回来心平气和地讨论一下，如何防止类似的不愉快情况再次发生。你应该培养自己"善意骂人"的能力。

最容易滋生冲突的土壤当然是日常琐事：有人没有随手进行清理，有人从来也不打扫卫生，有人没有履行诺言，有人对待委以的重任粗心大意。一个人一丝不苟、墨守成规，喜欢有条有理；另一个人则对

64　谢尔盖·瓦西里耶维奇·卢基扬年科（1968—）：俄罗斯当代最著名的科幻作家，也是当今俄罗斯最受欢迎的作家之一，职业精神病学家。

"脉冲星"——"联盟 TMA-10M"号飞船乘组：迈克尔·霍普金斯、奥列格·科托夫、谢尔盖·梁赞斯基

这些"严苛规矩"嗤之以鼻，他的工具随手乱放、四处乱飞，从不加以固定捆绑。该怎么调和他们呢？应该协商：在你自己家里做什么随便你，但要记住同事的规则；拿走工具要把它放回去，这样以后别人就不会到处找它了；如果你改变了日程安排，请通知一下你的同事，不要让他徒劳等待或准备；提前完成了工作也要告诉一下，说你做完了，又打算做什么做什么。总之，要尽量保持开朗和友善，要考虑到他人的特点。

您为什么开始拍照了？

在空间站，看到了地球的美丽，我意识到我应该学会拍照，因为我真的很想分享无法用语言表达的事物。如何向一个从来没吃过甜食的人解释什么是糖果？只需要把糖果给他就行了。对于我而言，就是把星球的美丽展示出来。

当照片没能反映我的眼睛所见时，我会感到非常沮丧。例如，太阳和月亮同时并排悬挂在天空，但这种景象在照片上永远都不会出现：一个太亮，另一个太暗。当然，可以使用图形编辑器，但我不想。我一直在探索一些方法——不行，没有用！黎明和北极光也是如此，太阳将要升起，北极光就已经看不清了，很难做到两者都能清晰可见。

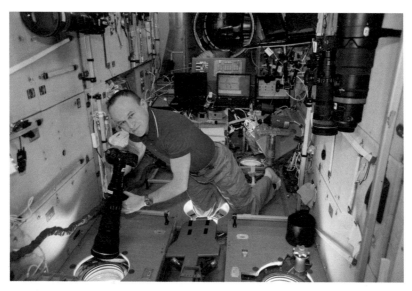

谢尔盖·梁赞斯基在轨道上与尼康 D5 相机

还需要记住的是，在空间站上速度很快，所以没有足够的时间来拍摄一个好的画面，结果你最终得到的是一些千篇一律的半成品。比如，夜晚提前准备好的，都调好了，白天却要调成另外一种。你拍完一张照片，看一看，发现"虚了"，你开始边拍边调，但是手动对焦出错的概率很大。我们把调焦过程称为"对焦包围"，此时图像会自动曝光，焦距为负值、零和正值。

　　不过，我有几个好老师：奥列格·科托夫、费奥多尔·尤尔奇欣、米哈伊尔·秋林——他们每个人都是第三次飞行，每个人都喜欢拍照，但他们都有自己的拍摄风格：奥列格喜欢某种特效，费奥多尔拍单个物体，米哈伊尔喜欢印象派并创造性地布局画面。

您在地球上拍照吗？

　　我在地球上几乎没有拍过，我家里的主要摄影师是我的妻子。我喜欢用眼睛看，但是现在我开始拍摄了，当然是经常拍，我已经上瘾了。

在国际空间站上拍照使用什么摄影技术？

　　最常用的组合是尼康 D5、800 毫米镜头、TC–20EII2X 增距镜。考虑到我们的条件，拍摄参数是：快门速度 1/1000~1/5000s，光圈 F/11，ISO 感光度。我更习惯更方便使用手动对焦，但由于锁定目标和拍摄大约有 10 秒的时间，在某些情况下，我尝试使用自动 ISO，这样有时候能节省时间来调整感光度。

对于一般拍摄，我使用短焦镜头。从"穹庐"观测舱拍摄极光效果很好，但我想拍摄出可以看到地球上的详细细节的效果，这样就需要一个干净的舷窗，而它们只在俄罗斯舱段里才有。

什么是"穹庐"？它有什么用途？

"穹庐"是由我们的意大利合作伙伴制造的模块，它于 2010 年与空间站对接，是由 7 个舷窗组成的，能够提供全景的视角，是观察地球、沉思冥想的好地方。然而，由于舷窗上的特殊涂层，拍出的地球照片效果一般。

谢尔盖·梁赞斯基在"穹庐"观测舱

您都在哪里拍照？空间站上您最喜欢的地方是哪里？

拍摄的最佳地点当然是俄罗斯舱段，这一点所有人都知道，在"码头"号对接舱（代号：CO1）中可以拍出质量特别高的照片。例如，要拍摄一座山，你若从上往下拍摄，在照片中就看不出来有山，所以最好从一个小角度拍摄，"码头"号的舷窗恰好满足了你这一拍摄需求，能够拍出完全不一样的画面，可表现出物体的立体感和透视感。

您最喜欢拍摄什么？

我喜欢拍摄我们的整个星球，因为我们有很多美丽的地方。我喜欢拍摄堪察加——那里有非常美丽的活火山、死火山，有的地方一直在冒烟。我很喜欢法属波利尼西亚——这里是神奇的环礁和岛屿，四周环绕着珊瑚礁，最令人难忘的是在珊瑚礁环绕中美丽的绿色岛屿。

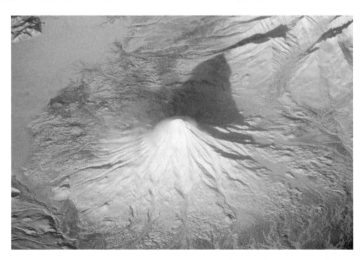

堪察加的克罗诺基火山照片

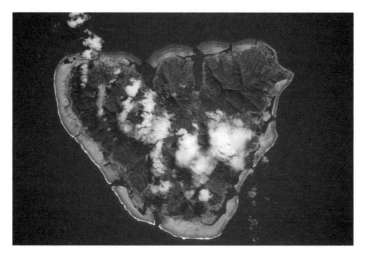

法属波利尼西亚莫雷阿环礁照片

　　我和妹妹娜佳曾经安排了一次摄影狩猎，她关注地球上哪座火山开始喷发，我就试着把它从轨道上拍摄下来。有时候还是有所收获的，尽管时间和天气很难预测。印度尼西亚发生过一次罕见的火山喷发，可是它整个都被云层覆盖着——运气不佳。一天，两天，三天，四天，火山熄灭了，浓云也散开了。

　　拍摄星星也非常困难，用眼睛可以看到它们，但在镜头里或在镜头的边缘有任何一个发亮的物体——就玩完。在夜间拍摄时效果稍好一些，但很难展现出亮度来。每隔一段时间就会有人请求我："请给我们拍一下天空。"我也有这样的照片，但我没有把它们放到社交网络上，因为它们并不能让我心情愉悦。这就是你们眼里的星星，有什么特别呢？能看到它们，数量很多，但是我们的地球更美。有时会听到人说"如果太空的照片上没有星星，那就意味着是在展厅里拍的"，说这种话的人既不懂摄影技术，也不懂物理常识。

您会在不同的时间拍摄同样的东西吗？

一个很奇怪的问题。我一直在拍。我们正飞向一个有趣的物体，我会设置好闹钟，以免忘记工作。我有一架自己的相机，当听到闹钟响之前，我要做的就是拿起它，"咔嚓咔嚓"地拍，拍了两分钟就又回去工作了。

您如何提前知道您将飞往何处？我们有一套专门的程序"Sigma"，只要将任何一个对象敲入地球仪，它便会立即给出你将在最近哪一天、什么时间飞过它的上空，有时候还要更简便。

哦，我们正飞越南美洲，应该拍下来，过后再看效果如何吧。哦，田野着火了——拍下来。哦，吉他形农庄——拍下来。

阿根廷的吉他形农庄（谢尔盖·梁赞斯基拍摄于国际空间站）

您拍到过什么奇奇怪怪的东西吗？

月球（谢尔盖·梁赞斯基拍摄于国际空间站）

经常有很多有趣的东西。例如，收藏中有一个多图形场地——有正方形、圆形等，无论我问谁，没有人知道它是什么，简直就像一个 UFO 基地！后来回到地球后我弄清楚了，这是法国用于飞机射击的军方靶场。

学会寻找拍摄对象非常重要。高速移动时如何分辨出下面的拍摄对象，比如，珠穆朗玛峰？如果有云，峰顶从云中耸立——那样你一下子就会认出来。如果没有呢？我之前注意到了西藏有一个形状独特的湖，我称它为"蝴蝶湖"。现在这个湖就在眼前，我以某个角度从它向另一方向画一条对角线，那里就应该是珠穆朗玛峰啦。

别人都拍什么？

有人拍摄风景，有人拍具体的物体。例如，费奥多尔·尤尔奇欣长期尝试拍摄位于南美洲秘鲁境内安第斯山脉的古印加人的马丘比丘城，就算从太空中看不到它——它只是一个小点，可当他设法在照片中找到这个点时，他还是很高兴。

迈克尔·霍普金斯只拍摄了美式足球场，它们很大，可以清楚地看到。他曾经踢过美式足球，水平非常高，他每次出现在俄罗斯舱段，都表明：我们正飞向美国，现在迈克尔将要拍体育场了。

为什么圣彼得堡的照片拍摄效果不好，而莫斯科的却很好？

其原因是：空间站的轨道倾角为 51.6°，从这个位置可以清晰地看到北纬或南纬 55° 以内的区域，圣彼得堡的位置更靠北，位于北纬60°，因此，只能以低角度平拍的方式来拍摄它。经常出现因云层和烟雾增厚的大气层，加之圣彼得堡的天气往往也不是很好，能把彼得堡拍好的实例十分少见。但是，请相信，在第二次飞行中我成功地做到了！

圣彼得堡之夜（谢尔盖·梁赞斯基拍摄于国际空间站）

还有哪些地方难以拍摄？

南极洲。虽然从我住的小舱室舷窗可以直接看到它，但我会定期查看它是否被遮挡，那里的情况也是一样——永远的云和冰川，白色背景下很难看到白色的物体。但是有那么两次，当云雾消散后，大陆显现出来——伸向赤道的部分，我成功地拍到了几张冰山的画面。

在空间站上什么最贵重？

宇航员。国家在我们身上投入了大量的经费。

南极洲（谢尔盖·梁赞斯基拍摄于国际空间站）

如何将国际空间站带离轨道？

　　现在考虑这个问题还为时过早，但在"和平"号空间站上已经设计好了这个程序。将会选择太平洋的入水区域，会计算好制动脉冲，将在确保脉冲更有效的前提下转动空间站。将按脉冲的方向对接装载燃料的"进步"号货运飞船，然后在轨迹的计算点处从货运飞船发出脉冲。空间站的速度将变得低于第一宇宙速度——它下降到大气层，然后焚烧并解体。

第 5 部分

返回地球

需要提前多长时间开始做返回地球的准备？

●

着陆时宇航员们做什么？

●

着陆后会马上发生什么情况？

●

什么时候可以同亲人见面？

●

身体如何适应地球上的生活？

●

太空飞行有什么副作用？

●

身体什么时候才能算完全恢复？

需要提前多长时间开始做返回地球的准备？
都准备些什么？

大约提前两周。准备好我们要带回地球的载荷非常重要，在返回舱中空地方很少，所以我们和地面操作员一起玩"俄罗斯方块"——我们搬过来搬过去，为了能最有效地装填所有的舱箱。而且，经常会有一些"加急"荷载——它们应该在脱离对接前的最后一天装载入箱。你想一想就会明白，如果不留出放它们的地方，你得花一整天的时间来重新装你已经放置好的东西。不，伙计们，这样可不行。于是你就和地球商量：让我把这个载荷放到这里吧，然后我就把这个"急件"放到这里。

您是如何准备返回的？

我们准备得很认真。我们就要飞走了，所以要带走自己的私人物品、科学设备、工程用品、带有实验数据的闪存盘。一切都必须计划好，以免忘记什么。此外，我们还要复习一下培训的技能：自动返回、手动返回。教官上线了，我们就用手指点着飞船上的文件资料，复述一遍返回的程序。"伙计们，你们在这里做这做那。在这个阶段，会听到你们的声音；在这个阶段，也许不会，但不管怎样你们都要报告，报告你们的行动和感受，报告过载情况……降落到地球上了——不要放松，还应该做这做那，之后，救援人员才能靠近飞船。"

身体的负荷也开始增加。在专家的建议下，我们改变了每天在健身器材上锻炼的强度与方式。在我们将要返回的最后一天，我们会服用各种药物和盐补充剂，因为如果我们降落在一个非预定区域，远离救援人员，我们必须把生存掌握在自己的手中，为此我们需要保持良好的身体状态，身体恢复起来很快，但需要锻炼以应对未来的极端情况。

您是乘坐您飞抵空间站时的飞船返回地球的吗？

我们通常乘坐原来的飞船返回，还是原来的宇航服。但有时会有一些变动：当游客到达空间站时，他们在10天后被送回地球，也就是说，一名游客随一个乘组抵达，而返回地球时却是随另一个乘组。

由于飞行座椅是为每位宇航员量身定做的，因此椅子必须要从一艘飞船搬到另一艘飞船上。

我们的飞船上来过佩吉·惠特森[65]，她是与奥列格·诺维茨基[66]一起乘坐"联盟 MS-03"号抵达的，奥列格飞走了，可佩吉又停留了几个月，她的任务被延长了。结果，她连同她的飞行座椅、宇航服及所有物品，都被移交到费奥多尔·尤尔奇欣乘组，他乘"联盟号 MS-04"飞船将佩吉送回地球。总之，任何事情都可能会发生。

着陆前有什么传统吗？

暂时没有，重要的是不要忘记任何事情。休息好，睡足觉。其他乘组的人尽量不打扰我们，他们帮助我们做准备。

什么东西被装入隔舱送进大气中燃烧？

我们将所有的生活垃圾装入隔舱，它与返回舱分离并焚烧。我们通常会与地面商定所填充的物品，因为飞行指挥中心需要清楚地了解"联盟"号的重心以便计算其弹道。如果你放了什么多余的东西，飞船的重心就会改变，你会以错误的角度进入大气层，这就会导致严重的过载，并且会在非预定区域坠落。

您从空间站带走了什么？

自己的物品和科研成果。你拿走的一切都要正式申报，因为正如我所说，物品的放置会影响飞船的重心。另外，在着陆点，当你被拖

65　佩吉·安妮特·惠特森（1960—）：美国宇航员，美国生物化学家，国际空间站的第一位女指令长。
66　奥列格·维克托罗维奇·诺维茨基（1971—）：俄罗斯宇航员，"联盟号 TMA-06M"飞船的指令长，俄罗斯联邦英雄。

离返回舱一旁时，专家们会立即赶去拆解载荷，寻找"急件"，所以他们必须清楚地了解什么东西放在什么地方。

着陆时宇航员们做什么？

我们穿上宇航服，进入飞船，关上舱门，检查密封性。在与空间站脱离对接时，我们检查所有系统的运行情况。为了降落在指定的区域，必须在处于 90 分钟轨道圈的特定的一秒钟内发出制动脉冲，通常是电脑发出来的，但如果出现死机，就由我们来操作。耽误一秒就会与地球上的着陆点产生很大的误差，因此，及时做出反应并立即切换到手动控制模式至关重要。

"联盟号 MS-05"飞船的返回舱在预定区域着陆
（安德烈·谢勒平／宇航员培训中心　摄）

制动脉冲发出——分离程序启动了，飞船正在进入大气层，两个隔舱——仪表设备舱和生活舱——与我们分离后向不同的方向散开。进入大气中，返回舱或多或少稳定下来，电脑开始将其引导到计算点。我们一直在报告，因为这是我们几个月来的飞行中最危险的阶段。我们查看系统的参数，评述我们所看到的一切。开始出现过载，我们举起拿着飞船文件资料的手，我们觉得它很沉重，就像一个铸铁的哑铃。到达一定高度，降落伞打开，随后它带着返回舱降落到地面。

脱离对接是如何进行的？

与对接的程序相同，不过是反向的：舱门关闭，对接框架的锁打开，对接杆移出，弹簧推进器将飞船从空间站抛下。

当看到已接近地球时您有什么感觉？

主要想的是：我们回家了！但你的任务不是去感受任何东西，而是去控制系统。你要工作，赶走任何无关紧要的想法。你差不多已经到家了，还要稍微忍耐一下。当然，这很难。

着陆需要多长时间？

每次飞行都不一样。如果说到我的最后一次飞行，莫斯科时间早上 8 点 15 分，我们离开了空间站；11 点半，我们已经在地球上了，在哈萨克斯坦的城市杰兹卡兹甘附近。也就是说，我们用 3 个小时零几分钟就搞定了。

着陆区域是如何选择的？

是由搜索救援勤务队选的。通常由专家来考察天气和可用的技术手段——从哪里飞更近一些，然后他们通知我们：伙计们，你们将降落在某个区域。我们才不在乎降落在哪里呢，只要能很快被找到就好。

为什么航天飞机像飞机一样降落在跑道上，而"联盟"号却降落在地面上？

因为"航天飞机"是一架太空飞机，它需要一个完备的机场。其实"联盟"号返回舱是可以降落在水面上的，不过既然有如此广袤的大草原，那也就没有这个必要了，大草原还是在苏联时期被确定为着陆点的。

如何从地球跟踪着陆情况？

通过地面手段进行跟踪：无线电定位器和无线电定向器。如果着陆按计划进行，直升机救援人员会很快到达：第一次我们等了他们 15 分钟，第二次是 3 分钟。

着陆后会马上发生什么情况？

救援人员在他们的直升机上并排坐着，把梯子放到返回舱前，打开舱门，依次将宇航员拉出来，如果是冬天，会把他们放在特殊的椅子上并盖上毯子。当然，我们是可以自己出来的，但这已是成文的规定。

第二次飞国际空间站返回后的谢尔盖·梁赞斯基
（安德烈·谢勒平 / 宇航员培训中心　摄）

可以马上通过卫星电话给家里打个电话，告诉亲人你还健在。救援人员展开一个加热的帐篷——我们在里面接受初步的医学检查，如果幸运的话，还会进行"野外测试"——这也是一项评估我们工作能力的科学实验。

宇航员为什么要戴墨镜？您为什么没有戴？

是的，有墨镜。通常都会戴墨镜，因为你习惯了在空间站特定的光照下飞行，几个月没有看到日光，所以眼睛一开始会很疼，所有人都眯着眼睛，但我绕过了这个环节。

什么时候可以同亲人见面？

亲属通常不允许进入着陆地点，所以，只有当我到达莫斯科近郊的切卡洛夫斯基机场时才能看到他们。他们在舷梯旁迎接我，我和亲人们拥抱、亲吻，然后立即去体检。第二次飞行回来时，因恶劣天气我被困在了卡拉干达，我的亲人和朋友们不得不等待。

您飞行后的感觉：哪里最疼？

哪儿都疼！首先是前庭器官表现最明显，我头晕恶心，因为它已经适应了失重，但它恢复得很快——完全适应只用了两昼夜。背部开始痛，关节酸痛。抱歉，屁股也疼，因为很久没有坐着了。

宇航员着陆后被带到哪里？

先到最近的机场，再到星城做康复。美国和欧洲的同事飞往休斯敦。

康复需要多长时间？

在私人教练和乘组医生的监督下进行三个星期的恢复，包括每天锻炼四次、走医疗程序、进行物理治疗等。在这之后，你就变成了一个正常的地球人，但是工作仍然很吃力，必须要克服。

身体如何适应地球上的生活？

按摩、游泳、桑拿很有帮助，在一段时间内禁止进行激烈力量型锻炼和跑步。飞行后我们的主要任务是照顾好自己，慢慢地恢复健康。

可以把杯子忘在空中吗？

没有一个宇航员在回来的时候把杯子留在空中。有人曾经开过记者的玩笑，可他们却相信了。

太空飞行有什么副作用？

我没有发现有什么明显的副作用。当然，我想念太空。

身体什么时候才能算完全恢复？

实际上很快就开始恢复了，当然，你走路摇摇晃晃、背部疼痛，但这没什么大不了的。你走路就像连续两个星期酗酒的人，然而你还能走。第一天摇晃剧烈，第二天就明显好转了。

我记得，在第一次飞行后，我试图在星城的飞行指挥中心的建筑物之间慢跑：春天、绿植、空气——太美啦！但后来我的膝盖一下子肿了起来，看上去就像两个小西瓜，教练为这个举动训了我好长时间。

宇航员如何汇报飞行情况？

我们要提交报告，与技术专家和科学家工作一个月。我们参与撰写科学文章，有时候还要写书，在书中回答好奇的同胞们的问题。

第 6 部分

飞行后的生活

宇航员飞行后做什么？

●

与地球相比，生活在国际空间站上有什么利弊？

●

所有宇航员都想重返国际空间站吗？

●

未来的航天会是什么样子？

宇航员都获得哪些奖项？

当然，我们会得到嘉奖。我和其他宇航员一样，被授予俄罗斯联邦英雄金星奖章，我还获得过加加林奖章和 NASA 的证书。经验越是丰富的同事奖项越多，奖励的数量取决于参与各种太空任务、国际项目的多少，取决于他们自己的飞行技能和资历。

宇航员飞行后做什么？

这取决于你的业务和意愿。有人开始为下一次飞行做准备，有人获得晋升，有人离职去做了另一份工作。我目前开始从事公共活动，为商务人员讲课，告诉他们在压力条件下经营该如何运用"宇宙方法"，如何组建一支高效率的团队，等等。另一个活动领域是我领导的俄罗

谢尔盖·梁赞斯基在为学童做普及演讲

斯学童运动，虽然这是一个全新的组织，但它在国内的所有地区都设有代表，并且力量在不断壮大。运动的内容是支持各种儿童项目：志愿者项目、环保项目、地方志项目。我们为学校博物馆提供帮助，帮助推广健康的生活方式、学习俄罗斯语言和文学等。所有这一切对我来说都非常有趣，并且在我看来，对我们的社会也具有重要意义。

与地球相比，生活在国际空间站上有什么利弊？

无法比较。当然，常有人对我们说，空间站是"地球的一颗粒子"，而且还是一颗非常小的"粒子"。在空间站上，我们生活在资源短缺和拥挤的环境中——这是一个明显的弊端；我们的生活严格按照时间表进行，几乎没有自我——这是又一个弊端；我们远离朋友和家人，生活在不利甚至是极端的环境中——这也是弊端。那么利又何在？只在于我们的意识：人民、科学家、工程师需要我们的工作。当然，还有感觉。您还记得维索茨基[67]是怎么唱的吗？"无论你怎么拼命，穷尽自己幸福的一生，你也找不到如此的美丽和奇迹的十分之一。"

对您来说，第二次飞行是否比第一次更容易（在情感上、身体上，在训练计划、适应等方面）？

　　第二次飞行不一样，只是不同而已，这不能说更容易或更困难。但是我第二次飞行的身份是指令长，所以我不得不彻底改变我自己和

"北风之神"——"联盟号 MS-05"乘组：保罗·内斯波利、谢尔盖·梁赞斯基、伦道夫·布雷兹尼克（安德烈·谢勒平 / 宇航员培训中心　摄）

67　弗拉基米尔·维索茨基（1938—1980）：苏联著名诗人、戏剧演员和音乐家，词曲作者，苏联国家奖获得者。文中这句诗选自他演唱的歌曲《峰顶》。

同事的训练方式。在第一次飞行中我是被领导，而在第二次飞行中我是领导，这自然会对我的活动产生影响，是对乘组负责、对团队的协调工作、对有效地解决问题的一份责任。不过，这在空间站上比较容易适应，因为我从第一次飞行的经验中知道什么时候该使劲儿，什么时候该放缓；哪里该坚持，哪里该放松；哪里是原则问题，哪里仅仅只是凑个数。

两次飞行之间必须间隔多长时间？

没有特别的限制，但根据内部规定，返回6个月后必须进行体检，检查你的身体状况并决定你是否适合下次飞行。遗憾的是，飞行不会增进健康，所以结果有所不同。如果一切正常，并且你想再次飞行，那么你将被分配到一个新的乘组，该乘组要在发射前两年组建。那么结论就是：6个月的恢复期，6个月的解决方案，两年的乘组人员培训——情况乐观的话，3年后你就可以再次飞行了。

您还想再次飞行吗？所有宇航员都想重返国际空间站吗？

我不能代表我的同事说话，不过，我当然非常想飞，我想念空间站，我常梦见它，但一切并非都取决于我们的意愿。还有家庭，结婚的时候我和妻子达成了协议：两次飞行就不用商量，如果有机会就飞行，但第三次我必须慎重考虑。考虑的时候到了。另外，随着年龄的增长，自己对自己提出的问题越来越理性：为什么呢？在下一次飞行中我为自己设定什么样的新挑战？第三次飞向空间站的主要原因是什么？我看到家人很为难，是时候回归家庭了，所以我用我身边人的要求来权衡我的私欲。

飞行的次数有限制吗？

一般来说，也没有。一些美国人已经飞行了六七次，我们的谢尔盖·克里卡廖夫和尤里·马连琴科[68]都飞行了 6 次。只要健康和年龄允许，一个经验丰富的宇航员就可以飞行。如果你以前去过空间站，如果你通过了考核，被认定为是合格的且城府不深的人，那么进入下一个乘组的机会就会大大增加。也就是说，比如我可以再申请，无须排队。但人也需要有同理心：我们国家的宇航员去国际空间站的机会逐年在减少，年轻人都在等待机会脱颖而出、大显身手——应该给他们机会，给他们让位。

继宇航员的工作之后能够从事什么职业？

随便什么职业，只要合法，所有的大门都是敞开的。一名宇航员的身份，尤其是有过飞行经历的宇航员的身份，目前仍然有助于获得一个良好的就业机会。当然，希望宇航员们能够培养自己的接班人，分享他们的经验，不过，眼下对类似的活动没有特别的需求——不乏合格的培训专家。在我看来，离开这个职业的宇航员的主要使命是保持一个终生有尊严和受人敬重的人的本色，因为我们经常作为其他人的榜样，不管我们是否愿意。

68　尤里·伊万诺维奇·马连琴科（1961—）：俄罗斯优秀宇航员，俄罗斯联邦英雄，进行了 6 次太空飞行，总共在轨道上度过了 827 天，进行了 5 次太空行走，其中一次持续了 6 个多小时。

在飞行后宇航员们还保持联系吗？

当然。如我前面所说，我遇到的几个乘组非常优秀，我们之间很快就建立了友好的关系。我们经常交流，常通信和打电话。

对于其他人来说，当然，情况各有不同。有这种情况：一起去飞行过，却不再联系了，因为他们意识到他们在兴趣和生活上几乎没有相似之处。从这个意义上说，我是幸运的。

还需要记住的是，对于我们这些职业宇航员来说，飞行是我们一生中最重要的甚至可能是最快乐的事情，是它让我们彼此走近。你与同事一起克服的所有忧虑、所有压力和所有困难，都会将你锻造成一个拥有"巨大秘密"的小团队的一分子。

夜色中月光和极光辉映下的地球（谢尔盖·梁赞斯基拍摄于国际空间站）

如果您有幸参加月球计划或火星探险，您想承担什么任务？

确实，还有一个飞上月球和火星的梦想。然而，这在短期内是不可能的。行星际飞行的费用昂贵，需要许多国家来参与合作。

如果这个计划出台的话，我愿接受任何工作，因为参与其中本身就已经很霸气了。

如果有机会选择，您想飞向哪里：月球还是火星？

当然是去火星！人们已经登上了月球，是时候飞往火星了。

是否有可能往轨道上安装一台电梯？

从理论上讲，一切皆有可能。在实践中，这将是非常昂贵的——比所有现代航天实践都贵得多。我一时还搞不明白，这么庞大的建筑于我们有何用，即使没有它火箭也可以搞定。

我们什么时候能飞到其他星球上？

宇航员的行星际飞行可能是一个比国际空间站更昂贵和更复杂的项目，而一个大国，即使非常富有，也无法启动它。但现在，如您所知，各个国家更多的是相互争吵，而不是合作。

我是火星之旅的热心支持者，在我看来，其中孕育着未来，它将带来巨大的技术回报。我也非常期待，当世界安静下来时，能够为最雄心勃勃的太空项目找到资金。

未来的航天会是什么样子？

　　我希望并相信它将会有人驾驶，因为没有人类的出席，宇宙将永远是一个空寂的死亡之地。